Neue Gesichtspunkte in der Vererbung

Von

Professor August Bier

Sauen bei Beeskow in der Mark

Berlin
Verlag von Julius Springer
1938

Softcover reprint of the hardcover 1st edition 1938

ISBN-13: 978-3-642-47119-3   e-ISBN-13:978-3-642-47380-7
DOI: 10.1007/978-3-642-47380-7

Inhaltsverzeichnis.

I. Teil Allgemeines.

1. Einleitung.

Es ist mir gelungen, eine wohldefinierte Pflanzenart, die gelbe Lupine (Lupinus luteus), in zwei andere wohldefinierte Pflanzenarten, in die blaue (Lupinus angustifolius) und in die perennierende (Lupinus polyphyllus), umzuwandeln. Diese Umwandlungen, die ich mit dem Namen Transmutation bezeichnet habe, hätte auch wohl der ausschweifendste Phantast nicht erwartet.

Meine letzte Arbeit im „Züchter"[1] schloß ich mit den Worten: „Man sollte meinen, der Erfolg meiner Versuche hätte bei den Erblichkeitsforschern Interesse erregt. Das ist nun ganz und gar nicht der Fall. Die Einwände, die man dagegen hat, sind mir klar. 1. Es liegt eine Verwechslung des Saatgutes vor. Darauf erwidere ich: Ich habe mich seit einem halben Jahrhundert mit Experimenten beschäftigt und kenne zur Genüge ihre Tücken. Ich bin also im Experimentieren weder Anfänger noch Dilettant.

Zudem brauche ich nur auf einige Tatsachen zu verweisen. Wenn bei dem Saatgut Verwechslungen vorgekommen wären, könnte es sich doch nur um böswillige oder betrügerische Unterschiebungen handeln. Wie will mir aber der geschickteste Taschenspieler in eine geschlossene Hülse der gelben Lupine, die ich persönlich mit allen Vorsichtsmaßregeln ernte und öffne, eine Bohne der blauen hineinzaubern? Und wer will mir aus einer Pflanze, die ganz unverkennbar die Keimblätter der gelben Lupine trägt, eine ausdauernde machen? Wie jemand mir aus einer gelb blühenden Blüte einen Fruchtstand schaffen, der „blaue" Bohnen enthält, während ich diese Pflanze täglich besehe und die Früchte persönlich ernte? Solche Gründe könnte ich noch mehr anführen.

---

[1] A. Bier, Weitere Mitteilungen über Transmutationen, **1938** H. 1.

2. Man denkt, dieser Mediziner versteht nichts von Botanik. Das ist auch meine Meinung, aber es handelt sich hier gar nicht um Botanik, sondern um allgemeine Biologie. Zudem habe ich den Beweis, daß ich, obwohl ich nichts von Botanik verstehe, doch mit Pflanzen umgehen kann, zur Genüge geliefert. Ich bewirtschafte seit 25 Jahren einen Wald nach eigenen Gedanken und Methoden. Er ist so bekannt und anerkannt worden, daß im Jahre 1936 rund 500 Forstleute und Waldbesitzer ihn besucht haben. Dabei bestreite ich, daß die Forstwirtschaft bloß angewandte Botanik sei. Man kann ein schlechter Botaniker, aber ein guter Waldbauer sein und umgekehrt.

3. Ich bin 77 Jahre alt, stehe also in einem Alter, in dem unzweifelhaft die Schärfe der Beobachtung nachläßt. Aber meine Vererbungsexperimente, mit denen ich mich theoretisch schon vor dem Kriege beschäftigt hatte, wurden unmittelbar nach demselben praktisch in Angriff genommen, und im Jahre 1924 erzielte ich den ersten klaren Erfolg.

4. Man hält es für höchst unwahrscheinlich oder gar ausgeschlossen, daß eine Pflanzenart vollkommen in die andere übergehen kann. Man ließe es sich allenfalls noch gefallen, wenn die gelbe Lupine (Lupinus luteus) in die blaue (Lupinus angustifolius) sich verwandeln ließe, denn beide haben als Wildformen dieselbe Heimat, nämlich die Küsten des Mittelmeeres. Aber wie unwahrscheinlich ist es, daß die erstere sich in die amerikanische vielblättrige, perennierende (Lupinus polyphyllus) umwandeln läßt! Darauf antworte ich mit den Worten meines Meisters Herakleitos, des größten Philosophen aller Zeiten: ‚Die Natur liebt es, sich zu verbergen.‘ Ich erlaube mir die freie Übersetzung dieses Satzes: ‚Das Unwahrscheinliche trifft oft ein.‘ Wie unwahrscheinlich ist es den Sinnen, daß die Erde sich um ihre Achse und um die Sonne dreht, wie unwahrscheinlich dem menschlichen Verstande das Verfahren der Natur, die Lebewesen fortzupflanzen und zu erhalten, wie unwahrscheinlich das Liebesleben, um das sich schließlich das ganze Dasein dreht. Hätte man die klügsten Forscher damit beauftragt, Vorschläge für die Fortpflanzung zu machen, so wäre keiner auf dieses un-

wahrscheinliche und anscheinend höchst verwickelte Verfahren gekommen, sie hätten „einfachere" erfunden, aber ich meine, daß das der Natur vorzuziehen ist.

Wie unwahrscheinlich ist die Metamorphose der Insekten. Ich könnte zahlreiche andere Beispiele aufzählen, die zeigen, daß das Natürliche dem Menschen nur schwer einleuchtet, und daß das, was er für natürlich und selbstverständlich hält, oft sehr unnatürlich ist.

Richtig begreifen aber wird man erst, daß ich solche phantastische Dinge unternehme, von denen mir im Jahre 1921 oder 1922 als völlig aussichtslos kein Geringerer als Erwin Baur dringend abriet, wenn man meine geistige Grundeinstellung kennengelernt hat. Das gehört aber nicht in die Zeitschrift „Der Züchter". Ich werde mich in der nächsten Zeit an anderer Stelle darüber äußern."

Aber ich mußte erkennen, daß ich meine Rechnung ohne den Wirt gemacht hatte. Die Fachleute der Vererbungslehre lehnen den Aufsatz, der meine geistige Grundeinstellung schildert, ab. Das hätte ich mir eigentlich auch vorhersagen können, denn dasselbe Schicksal erlitt eine ähnliche Arbeit, wie diese, schon vor einer Reihe von Jahren von der Leitung eines anderen Blattes zu einer Zeit, als ich noch zu den sogenannten „Autoritäten" gehörte, um deren Arbeiten sich die Zeitschriften rissen, wenn sie auch noch so schwach und inhaltslos waren. So bin ich denn gezwungen, dieses kleine Büchlein erscheinen zu lassen in der Hoffnung, daß doch dieser oder jener Erblichkeitsforscher Einsicht in dasselbe nimmt. Ich habe dadurch wenigstens den einen Vorteil, mich ausführlicher äußern zu können, als das in einer Zeitschrift möglich wäre.

Ich kann diese Ablehnung auch durchaus begreifen und wundere mich sogar, daß „Der Züchter" die Schilderungen meiner tatsächlichen Beobachtungen aufgenommen hat. Ich glaube, nicht fehlzugehen, wenn ich annehme, daß ich diesen Erfolg dem Einflusse des mit mir befreundeten Verlegers des „Züchters", des Herrn Dr. Ferdinand Springer, verdanke.

2. Meine Beobachtungen.

Um den Leser zunächst über das Tatsächliche zu unterrichten, gebe ich meine beiden Arbeiten aus der Zeitschrift „Der Züchter", soweit es in der Einleitung nicht schon geschehen ist, wörtlich wieder:

a) Versuche, verschiedene Pflanzenarten ineinander überzuführen und neue Arten und Rassen zu erzeugen[1].

Ich übergehe meine mißlungenen Versuche und wende mich gleich den gelungenen zu:

Diese wurden an Lupinen gemacht. Zum Verständnis muß ich einige Bemerkungen vorausschicken. In Betracht kommt für meine Darlegungen die gelbe Lupine (Lupinus luteus), die blaue (Lupinus angustifolius) und die ausdauernde (perennierende) vielblätterige (Lupinus polyphyllus). Die gelbe und blaue Lupine finden sich im wilden Zustande im Mittelmeergebiet, die ausdauernde vielblätterige (perennierende) in Nordamerika. Alle drei sind bei uns sehr verbreitete Kulturpflanzen geworden. Sie sind scharf voneinander getrennte Arten mit ganz charakteristischen Merkmalen, so daß sie nicht zu verwechseln sind, selbst die beiden einjährigen Arten, die blaue und die gelbe Lupine, stehen weit auseinander und sind sehr artbeständig, denn nach Hegi[2] lassen sich wohl die *Sorten* einer jeden Art untereinander kreuzen, die *Arten* dagegen sehr schwer. Von ausgezeichneten Lupinenkennern, mit denen ich darüber sprach, wurde mir gesagt, daß die Möglichkeit sogar der künstlichen Kreuzung noch stark bestritten würde. Jenen beiden Arten steht die ausdauernde (perennierende) amerikanische natürlich noch ferner. Daraus mag der Leser erkennen, was es bedeutet, wenn ich die eine dieser Arten, die doch schließlich Wildformen darstellen, in die andere umwandle.

Die 3 Lupinenarten sind schlechterdings nicht miteinander

---

[1] A. Bier, Der Züchter, 6. Jahrgang 1934, H. 8.
[2] G. Hegi, Illustrierte Flora von Mitteleuropa, IV. Band, 3. Teil.

zu verwechseln. Es erübrigt sich hier, näher darauf einzugehen, dagegen muß ich ihre Samen beschreiben, weil eine Verwechslung derselben zu verhängnisvollen Irrtümern führen müßte.

Die völlig ausgereiften Samen der gelben Lupine sind schmutzigweiß und schwarz gesprenkelt. Sie haben auf beiden Seiten eine deutliche helle Mondsichel. Es gibt zahlreiche Variationen, solche, bei denen Schwarz und bei denen Weiß mehr vorwiegt, solche, bei denen die Mondsichel durch schwarze Umrahmung sehr ausgesprochen ist und solche, bei denen diese fast vollständig oder gänzlich fehlt. Der Nabel tritt teils wenig, teils gar nicht hervor, teils ist er durch seine Braunfärbung scharf gekennzeichnet.

Die reifen Samen der blauen Lupine sind hellgrau und braun marmoriert mit zahlreichen kleinen weißen Flecken. Der weiße Nabel tritt deutlich hervor. Die Samen sind im Durchschnitt größer als die der gelben Lupine und haben niemals einen Mond. Auch sie variieren in der Farbe, sind aber in sämtlichen Variationen mit denen der gelben Lupine nicht zu verwechseln.

Die Samen der von mir gezüchteten ausdauernden Lupine sind sehr scharf gekennzeichnet, vor allem fallen sie durch ihre geringe Größe auf, erst *neun* von ihnen haben das Gewicht von *einem* Samenkorn der von mir zur Züchtung gebrauchten gelben Lupine. Sie sind glänzend und gleichmäßig dunkelbraun bei Betrachtung mit bloßem Auge, mit der Lupe bemerkt man noch sehr feine weiße Fleckchen. Sie haben einen hellen Nabel.

Ich kam auf die Lupine als Züchtungsgegenstand durch folgende Beobachtung: Zuerst im Jahre 1913 und später noch mehrere Male benutzte ich gelbe Lupinen zur Bodenbesserung auf Ödflächen, die ich für Aufforstungen vorbereiten wolltte. Die Pflanzen, die ich stehen ließ, starben, wie immer, im Herbst nach der Fruchtreife ab. Ihre Samen streuten sie in großen Mengen aus. Diese keimten zum erheblichen Teil noch in demselben Jahre, und die daraus entstehenden Pflänzchen wurden durch die ersten Fröste getötet. Die meisten übrigen Samen verschimmelten und faulten, nur wenige, meiner Meinung nach solche, die sich in Keimverzug begeben hatten, liefen später im Frühjahr auf, und bei ihrer Reife wiederholte sich das geschilderte Spiel. Nach einigen Jahren verschwanden sie gänzlich. Das ist in unserem Klima der gewöhnliche Verlauf. Die gelben und die blauen Lupinen sind bei uns in der Mark gehegte Kulturpflanzen. Ihre Samen müssen geerntet, überwintert und wieder ausgestreut werden. Auf natürlichem Wege erhalten sich die Pflanzen bei uns auf die Dauer nicht.

Nun fand ich unter den später aufgelaufenen Lupinen plötzlich einige blaue, obwohl ich unter der ersten Saat nie eine solche bemerkt hatte, trotzdem ich die letztere sehr häufig durchwandert und besehen hatte. Ich gebe zu, daß die Vermutung näherliegt, daß zufällig Verunreinigung des Saatgutes mit einem Korn der blauen Lupine stattgefunden hat und ich die erste blaue Blüte übersehen habe, als diejenige, die mir aufstieg: Ich dachte, es könnte durch den Keimverzug der Samen der gelben Lupine so verändert sein, daß daraus unter Umständen einmal blaue fielen. Ich beobachtete die Lupinenfelder der Nachbarn und meine eigenen in der Folgezeit, kam aber nicht zu einer Entscheidung.

Der Zufall kam mir zu Hilfe. Ich hörte im Jahre 1924, daß in einem verlichteten Kiefernbestande auf dem Gute Charlottenhof, das dem Herrn v. Klitzing gehört, beim Umpflügen des Bodens zahlreiche Samen der gelben Lupinen gefunden und aus ihnen zum Teil auch Pflänzchen aufgelaufen wären. Ich besuchte die betreffende Stelle zusammen mit Herrn v. Klitzing, und wir stellten fest, daß auf dem Gelände, das die Kiefern einnahmen, im Jahre 1869 als letzte Feldbestellung Lupinen gestanden hatten. Sie wurden umgepflügt, und im Frühjahr 1870 wurde das Feldstück mit Kiefern bepflanzt. Durch Zusammentreffen besonderer Umstände hatte sich ein so großer Teil der Samen in Keimverzug begeben, wie man das im gleichen Umfange noch nie erlebt hat, und sie hatten in diesem Zustande damals 55 Jahre verharrt. Der Gedanke ließ mich nicht los, daß in dieser langen Zeit wohl alles mögliche mit den Samen geschehen sein könnte, was erforschungswürdig sei, vor allen Dingen auch, ob nicht dieses einzigartige Saatgut geeignet wäre für die Versuche, die ich in der Überschrift genannt habe. Herr

v. Klitzing hatte die Güte, mich in jeder Weise bei der Gewinnung der Samen zu unterstützen und sie mir zu überlassen. Ich spreche ihm dafür auch hier meinen herzlichsten
Dank aus.

Einige der Eigenschaften dieser Samen habe ich schon in
einer botanischen Zeitschrift im Jahre 1925 beschrieben[1].
Ich erwähne davon: Die Charlottenhöfer Lupinensamen verdanken ihren Keimverzug einer besonderen Härte und Undurchlässigkeit der Schale. Ritzt man sie an, so keimen sie,
wenn ihnen die nötigen Bedingungen gegeben werden. Nur
die allerbesten Bohnen haben sich erhalten. Ihre Keimfähigkeit beträgt 100%, ihre Keimenergie ist doppelt so hoch wie
die des besten frischen oder sorgfältig aufbewahrten Saatgutes.
Das letztere braucht zweimal 24, die ersteren nur 24 Stunden
zum Keimen im Fließpapierversuch. Die Charlottenhöfer Lupinenbohnen stellen also eine einzigartige Auslese dar.

In dieser Arbeit zeigte ich ferner, daß sich der Keimverzug an Lupinen leicht herstellen läßt, und ich konnte die Erklärung dafür geben, wie er bei den Charlottenhöfer Lupinen
durch Zusammenwirken besonders günstiger Umstände zustande kam.

Die erste und zweite Sendung von Samen, die ich von
Herrn v. Klitzing bekam, war vollkommen gleichartig. Ich
schicke voraus, daß alle Samen, die ich üerhaupt erhielt, unverkennbar von gelben Lupinen stammten. Die Bohnen waren
infolge von Eintrocknung härter und kleiner als die frischen
von gelben Lupinen, hauptsächlich aber zeichneten sie sich dadurch aus, daß ihnen die Mondsichel vollkommen fehlte oder
bei einigen wenigen nur angedeutet war. Die schwarzen Flecken
waren nur in geringer Anzahl vorhanden und sehr klein. Unter
den späteren Sendungen der mit großer Mühe gesammelten
Bohnen befand sich eine geringe Menge solcher, die mit deutlicher Mondsichel versehen waren. Diese wurden besonders
gezüchtet. Es fiel auf, daß aus ihnen nichts als die gewöhnliche gelbe Lupine fiel.

I. Beobachtung. Fall 1: Im Jahre 1924 erschien aus

---

[1] A. Bier, Über Keimverzug und seine Bedeutung nach Versuchen an
Samen der gelben Lupine. Angew. Bot. 7 (1925).

100 Charlottenhöfer Bohnen, die ich im Gewächshause gesät hatte, eine ausdauernde (perennierende) Lupine mit den unverkennbaren Zeichen des Lupinus polyphyllus. Diese Pflanze blühte entgegen der Gewohnheit der ausdauernden Lupinen noch in demselben Jahre, brachte aber keine reifen Früchte mehr, da sie erst am 13. August 1924 gesät wurde[1].

Die Pflanze wurde mit Ballen in den Garten gebracht, hat dort jedes Jahr viel Laub getragen und stark gefruchtet, bis sie im vorigen Jahre durch ein Versehen des Gärtners beseitigt wurde. Sie wurde im Jahre 1933 von der Biologischen Reichsanstalt in Dahlem als Lupinus polyphyllus bestimmt. Ihre Nachkommen sind in unzähligen Stücken vermehrt. Kein einziger derselben hat gemendelt und kein einziger ist ativistisch auf die gelbe Ursprungsform zurückgeschlagen.

Da erhebt sich natürlich der Verdacht, daß hier eine Verwechslung unterlaufen sein könnte, wenn das auch aus folgenden Gründen sehr unwahrscheinlich ist: a) Jedes der 100 Samenkörner, deren Verwechslung mit den Samen der ausdauernden Lupine, wie ich schon schilderte, ganz unmöglich ist, wurde in regelmäßigem Reihenabstand von mir persönlich gelegt, mit einem Stöckchen versehen und täglich von mir beobachtet. Schon damals konnte ich feststellen, daß die von vornherein in der Blattbildung sehr von den anderen abweichende Pflanze, die Keimblätter der gelben Lupine hatte, die mit denen der ausdauernden schlechterdings nicht zu verwechseln sind.

b) Es gab damals in Sauen weit und breit keine einzige ausdauernde Lupine.

c) Daß mir jemand einen Schabernack gespielt hätte, indem er mir eine gelbe Lupinenbohne entfernte und dafür eine ausdauernde in den Boden steckte, ist so gut wie ausgeschlossen, da außer mir keiner wußte, was ich beabsichtigte und was ich gemacht hatte.

Aber trotzdem mußte der Versuch mit Erfolg wiederholt werden, ehe ich ihn als beweisend anerkennen konnte. Aus keiner von den vielen Zentnern von Samen, die ich nachher

---

[1] Die Saat erfolgte so spät, weil ich damals noch in Berlin wohnte und meine Ferien abwarten mußte, um die Versuche persönlich anstellen zu können.

8

von den *Nachkommen* der Charlottenhöfer Lupinen geerntet habe, ist je eine weitere ausdauernde gefallen. Deshalb wandte ich mich im vorigen Jahre wieder an das Ausgangsmaterial. Herr von Klitzing hatte die Güte zu gestatten, daß nochmals das betreffende Waldgelände abgesucht wurde. Es fanden sich mehr Bohnen, als man erwarten durfte, und ich konnte mein Experiment in größerem Stile fortsetzen.

Fall 2: Vom 3.—13. April 1933 wurden 600 dieser Lupinenbohnen unter folgenden Versichtsmaßregeln gesät: Jede einzelne Bohne wurde genau betrachtet, und es wurde festgestellt, daß sie ohne jeden Zweifel der gelben Lupine angehörte. Dann wurde je ein Samenkorn in einen kleinen Blumentopf aus Pappe gebracht, der an den Seiten und am Boden durchlöchert war. Die Erde, die die Samen aufnahm, war durch ein so feines Sieb gepreßt, daß unmöglich eine Bohne der ausdauernden vielblätterigen Lupine hätte durchgehen können. Diese Vorsichtsmaßregel war nötig, weil man immerhin noch hätte behaupten können, daß möglicherweise im Sauener Erdboden von Olims Zeiten her ein im Keimverzug verharrendes Samenkorn der ausdauernden Lupine hätte liegen können, das zufällig mit der Erde in eines unserer Töpfe geraten wäre. Sämtliche Töpfe wurden in Kästen mit ebenfalls durchgesiebter Erde gesetzt und in einem verschlossenen Gewächshause aufgestellt, zu dem nur ich, meine Assistentin und mein Gärtner Zutritt hatten.

Auch diese Samen keimten zu 100%. Sämtliche Pflanzen hatten die Keimblätter der gelben Lupine, die schlechterdings unverkennbar sind und sich besonders deutlich von denen der ausdauernden Lupine dadurch unterscheiden, daß sie mehr als zehnmal so groß sind. Eine am 10. April 1933 gesäte Pflanze blieb dann auffallend in der Weiterentwicklung gegen die anderen zu gleicher Zeit gesäten zurück. Bis Ende Mai waren nur zwei kleine endgültige Blätter vorhanden, die die typische Blattform der gelben Lupine hatten, nämlich 5 länglich verkehrt eiförmige Teilblättchen (Finger). Diese Blätter unterschieden sich von denen der übrigen Pflanzen nur durch ihre rötlichen Blattstiele (Anthokyan).

Die beiden folgenden endgültigen Blätter waren dem Aussehen nach solche der ausdauernden Lupine. Das eine hatte 9, das andere 15 Teilblättchen, während die Höchstzahl der Teilblätter bei der gelben Lupine 11 beträgt. Auch sonst unterschieden sie sich nur in einem Punkte von den Blättern der ausdauernden Lupine. Sie kamen aus einem langen oberirdischen Stamm heraus, wie bei der gelben, während die der ausdauernden als Blattrosette unmittelbar aus einem Wurzelstock kommen. Auch sonst entsprachen die Blätter in Farbe und in der lanzettförmigen Form ihrer Finger denen der ausdauernden Lupine. Die meisten der später noch entwickelten Blätter verhielten sich gerade so, vor allen Dingen auch in der Größe. Sie hatten einen Durchmesser bis zu 35 cm, was bei der gelben nie vorkommt. Daneben aber entwickelten sich auch später noch einige Blätter der gelben Lupine mit 5 Teilblättchen. Die letzteren wurden von Meltau befallen, wie die in der Nachbarschaft stehenden gelben Lupinen, während die nach Art der ausdauernden gebildeten Blätter davon vollkommen frei blieben. Die von Meltau befallenen Blätter welkten und fielen bald ab. Die Pflanze entwickelte schon im ersten Jahre 11 Blütenstände, die in jeder Beziehung solche der ausdauernden waren. Aus den gereiften Hülsen wurden 548 Samen gewonnen, die scharf als solche des Lupinus polyphyllus gekennzeichnet waren. Überhaupt war Ende August die Pflanze durchaus der Typus des Lupinus polyphyllus. Das sah man ihr schon von weitem auf den ersten Blick an. In folgenden Eigentümlichkeiten erinnerte sie noch an ihre Herkunft aus der gelben Lupine: a) Die Blätter kamen nicht als Blattrosette, sondern mit einem Hauptstengel aus dem Boden, der sich oberirdisch in 10 Verzweigungen teilte. Nebenstengel oder Nebenblätter, die aus dem Boden kamen, hatte sie überhaupt nicht. b) Die ausdauernde Lupine blüht in Sauen nur selten, bei gutem Boden und besonders starken Pflanzen schon im ersten Jahre. Die in Rede stehende dagegen tat das reichlich, und zwar zu derselben Zeit wie ihre gelben Geschwister, die ebenfalls aus den Charlottenhöfer Lupinenbohnen gefallen waren. c) Die Pflanze starb nach der Fruchtreife mit den gelben Lupinen der Nachbarschaft zusammen ab und schlug im nächsten Frühjahr nicht wieder aus. d) Hält man ihr Skelett neben eins der gelben Lupine, so ist nicht der geringste Unterschied zu erkennen, insonderheit hat es auch die Wurzel der gelben Lupine.

Von den 548 Bohnen, die von dieser Pflanze geerntet und im Frühjahr 1934 gesät wurden, lief höchstens die Hälfte auf, und zwar fast nur solche, deren Schale angeritzt war, aber auch von diesen ging die Mehrzahl durch Schmarotzer und durch unerklärte Ursachen ein, so daß nur 50 nachblieben. Sie sind sämtlich auf den ersten Blick als Lupinus polyphyllus zu erkennen und sind als solche außerordentlich kräftig und gut gediehen. Sie stehen viel besser, als das bei der ausdauernden Lupine im ersten Jahre der Fall zu sein pflegt. Auch dadurch zeigen sie ihre Lebensstärke an, daß 13 von ihnen schon im ersten Jahre blühten und reichlich fruchteten. Diese blühenden erinnern in ihrem Wuchs noch an die gelbe Lupine, die ihre Großmutter war. Die nichtblühenden sind nach jeder Richtung hin Lupini polyphylli. Ich zweifle nicht daran, daß alle Pflanzen ausdauernde Lupinen sind, was ja das nächste Jahr schon zeigen wird.

Hiermit hatte ich zum zweitenmal Lupinus polyphyllus aus einem Samen der gelben Lupine hervorgehen sehen. Die im Jahre 1924 erzielte unterschied sich von der aus dem Jahre 1933 dadurch, daß sie in jeder Beziehung sofort alle Artkennzeichen aufwies, während die letztere noch hin und her stotterte, die Wuchsform der gelben Lupine einhielt, mit dieser abstarb, also noch keine ausdauernde war und anfangs einige Blätter der gelben trug, die allerdings schnell erkrankten und abstarben.

Fall 3: Im Jahre 1934 machte ich das Experiment zum dritten Male unter den geschilderten Vorsichtsmaßregeln mit vollem Erfolge. Aus 2000 Charlottenhöfer Lupinenbohnen, die nunmehr seit 65 Jahren im Keimverzug verharrten, und die wiederum 100% Keimfähigkeit aufwiesen, fielen 3 ausdauernde Lupinen. Eine von ihnen ging durch Schneckenfraß zugrunde, die beiden übrigbleibenden haben sich in jeder Beziehung als Lupinus polyphyllus entwickelt und gedeihen sehr kräftig. Nichts erinnert bei ihnen an die gelbe Mutter. Die eine von ihnen blüht bereits im ersten Jahre.

Auswertung der ersten Beobachtung.

Es handelt sich bei den erzielten Erfolgen um etwas grundsätzlich anderes als um das, was man Mutation nennt. Diese hat sich bisher immer innerhalb der Art gehalten. Die durch die Mutation hervorgebrachten Rassen, Sorten, Stämme oder wie man sie sonst nennen will, verbastardieren sich mit anderen Artgenossen, aus denen sie hervorgegangen waren, was bei unseren weit voneinander entfernten Arten natürlich nicht der Fall ist.

Von den zahlreichen Merkmalen, die den Begriff einer wohldefinierten Art ausmachen, entstand bei der Mutation gewöhnlich nur *ein* neues oder im besten Falle *einige* neue, die sich forterbten, z. B. Schlitzblättrigkeit, Pyramiden- und Trauerform, Riesen- oder Zwergwuchs usw. Noch niemals aber ist es vor meinen Versuchen gelungen, eine wohldefinierte Art in eine andere wohldefenierte mit all ihren zahlreichen Merkmalen überzuführen, und ebensowenig ist dieser Übergang in der Natur beobachtet. Es bedarf deshalb für dieses Geschehen eines neuen Namens, ich nenne es Transmutation.

Betrachtet man nun bloß den 1. und 3. Fall der I. Beobachtung, so scheint die Transmutation die plötzliche Entstehung mit der Mutation gemein zu haben, denn daß die Keimblätter dieser beiden Transmutanten solche der gelben waren, ist eigentlich bei ihrer Entstehung aus den Samen der letzteren selbstverständlich. Im übrigen aber trat die Transmutante mit allen Merkmalen der neuen Form sprungartig auf und vererbte diese wie Mutanten.

Indessen zeigt der 2. Fall von Transmutation deutlich das vermittelte Übergehen der gelben in die ausdauernde vielblättrige Lupine. Von der ersten stammten nicht nur die Keimblätter, sondern die beiden demnächst entstehenden endgültigen Blätter. Ferner entwickelten sich später, als der Polyphyllustypus schon unverkennbar war, noch einige Blätter der gelben Lupine an den Nebenachsen. Diese erlagen bald dem Meltau, von dem alle gelben Lupinen zu der gleichen Zeit befallen waren, während die Polyphyllusblätter vollkommen frei davon blieben. Schließlich hatte die Pflanze gänzlich den Aufbau, die Wurzel und das Absterben nach der Fruchtung noch mit der gelben Lupine, aus der sie entstanden war, gemein.

Wir werden sehen, daß bei anderen Transmutationen der Übergang noch weit allmählicher erfolgte.

II. Beobachtung. Wir kommen nunmehr zu den Versuchen, aus den Bohnen der Charlottenhöfer gelben Lupinen, bzw. ihren Abkömmlingen, blaue zu ziehen. Aus jenen fiel im Jahre 1924 und 1925 aus der ersten Saat keine blaue. Beide Jahre wurden hauptsächlich dazu verwandt, aus der Ursprungssaat Nachkommen zu erlangen. In den Jahren 1926—1929 war ich während der Saat- und Erntezeit der Lupinen durch meine Tätigkeit in Berlin gefesselt, so daß ich zuverlässige Beobachtungen in Sauen nicht machen konnte. Nur stellte ich fest, daß aus einer größeren Anzahl von Pflanzen, die gelb geblüht hatten, und die auch sonst den Typus der gelben aufwiesen, immer in einer der nächsten Absaaten einige blaue fielen. Erst vom Jahre 1930 ab fand ich die nötige Zeit, um alle einschlägigen Verhältnisse genauer zu studieren, vor allem aber in Fräulein S i g g e l k o w eine zuverlässige Hilfskraft, die sich ganz der Pflege und Beobachtung der Pflanzen widmete. Ich übergehe deshalb die ungenauen Beobachtungen. Ich erwähne aus den Jahren 1926—1929 nur, daß ich in Berlin an vielen Tausenden von Samen der Abkömmlinge der Charlottenhöfer Lupinen Keimversuche machte, bei denen immer unter einer größeren Anzahl ein Keimling war, der eine blaue Lupine zu werden versprach oder wenigstens in seinen Eigenschaften sehr zu ihr hinneigte. Diese Keimlinge wurden nach Sauen gebracht und dort gepflanzt. Sie gingen aber sämtlich zugrunde bis auf zwei aus dem Jahre 1930.

Diese beiden Pflanzen beschreibe ich.

Fall 1: Am 21. Februar 1930 fiel unter 37 frischen Lupinenkeimlingen, die in ein und demselben Fließpapierversuch gewachsen waren, einer auf. Er war fast dreimal so hoch wie die anderen, und seine Keimblätter waren rötlich, während die der anderen grün waren. Am 22. Februar wurde er mit nach Sauen genommen und in einen Lattentopf ohne Boden gebracht, um später ohne Umpflanzung ins Freiland gesetzt zu werden. Einstweilen wurde die Pflanze im Gewächshaus aufgestellt. Am 30. Mai 1930 wurde sie in den Garten gebracht. Sie hatte den Wuchs der gelben, die Blätter der blauen Lupine, sie blühte gelb, in ihren Hülsen fanden sich dagegen Bohnen der blauen Lupine. Die Hülsen gehörten, wie F. Merkenschlager feststellte, der gelben Lupine an. Am 12. Mai 1931 wurden 10 der von dieser Pflanze geernteten Früchte im Garten gesät. Alle Pflänzchen liefen auf, und obwohl sie der Reihe nach vom Lupinenrüsselkäfer kahl gefressen, vom Meltau befallen, von Engerlingen befressen und von Hasen und Kaninchen abgeäst wurden, erholten sie sich wieder. Am 23. Juli 1931 fingen die Pflanzen an zu blühen. Sie waren sämtlich unverkennbar blaue Lupinen (Lupinus angustifolius) und wurden als solche von F. Merkenschlager bestätigt. 3 von den 10 Pflanzen gingen durch Engerlingsfraß ein, die übrigen 7 erkrankten an der Johanniskrankheit (Fusicladium vasinfectum). Ihre spärlichen Früchte reiften nur langsam, und die ersten von ihnen konnten nicht vor Oktober geerntet werden. Die meisten wurden bei beginnendem Frost eingebracht und reiften im Zimmer nach.

Diese Pflanzen zeichneten sich also aus durch eine große Anfälligkeit gegen Krankheiten und sehr späte Reifung der Samen. Sie wurden aus den letzteren weiter gezüchtet, aus denen durchaus gesunde und kräftige blaue Lupinen mit all den charakteristischen Merkmalen dieser Art fielen, die sich inzwischen stark vermehrt haben.

Fall 2: Über den zweiten Keimling, den ich im März 1930 im Fließpapierversuch, der genau so angestellt war wie der vorige, fand und weiterzüchtete, ist nur wenig hinzuzufügen. Bei ihm waren nicht nur, wie bei dem vorigen, die Keimblätter, sondern auch der Stengel rot. Die Pflanze wurde genau so behandelt wie die erstbeschriebene, und sie verhielt sich in ihrer ganzen Entwicklung ebenso, insonderheit ist zu bemerken, daß sie sowohl gelb blühte als auch die Hülsen und die Gestalt der gelben Lupine trug, während die Blätter und die Früchte die der blauen Lupine waren. Am 12. Mai 1931 wurden 42 Bohnen von ihr gesät. Es liefen 39 Keimlinge daraus auf und hatten genau dasselbe zu erdulden wie die von der erstbeschriebenen Pflanze. Ihre weiteren Nachkommen ergaben ebenfalls gesunde Pflanzen der blauen Lupine, die sich jetzt gleichfalls stattlich vermehrt haben.

Fall 3: Das Jahr 1931 brachte neue Ergebnisse: Es wurden am 27. April 1931 400 qm Land im Garten, auf dem bisher nie Lupinen gestanden hatten, mit im ganzen 6 kg Samen aus den Ernten 1926—1929 besät. Es war dies ein Gemenge von Absaaten der Charlottenhöfer Ursprungssaat aus dem Jahre 1925, die so aufbewahrt waren, daß sie keimfähig blieben. Sämtliche Bohnen waren mit der Hand ausgelesen, jede einzelne wurde genau betrachtet und festgestellt, daß sie der gelben Lupine angehörte, und zwar wurden nur solche gewählt, die das charakteristische Aussehen der Charlottenhöfer Ursprungssaat hatten, d. h. die nur wenig schwarz gesprenkelt und ohne Mondsichel waren. Das Jahr war günstig, die Lupinen liefen in großer Dichtigkeit auf, trotzdem der Engerling noch immer stark fraß und dazu Drahtwürmer kamen. Anfang Juli blühten die Pflanzen. Dabei traten etwas vor den gelben Lupinen blaublühende auf, und zwar 5 Stück. Das ganze Feld bot einen merkwürdigen Eindruck. Es stellte geradezu ein Chaos[1] von verschiedenen Lupinentypen dar. Aus ihnen traten 3 deutlich hervor, nämlich der Luteus-, der Angustifolius- und der Intermediärtypus. Diese Typen waren entschieden durch die Außendinge stark mit beeinflußt, denn der erste fand sich fast rein an Kahlstellen des Feldes, der zweite an Hunger- und Durststellen in der Nähe von Bäumen, deren Wurzeln ihnen Nahrung und Wasser entzogen. Den Intermediärtypus fand man über das ganze Feld zerstreut, ebenso verstreut waren die rein blauen Lupinen.

Alle 3 Typen blühten gelb, die blauen, die reine Lupinus angustifolius waren, habe ich schon erwähnt. Ich bemerke aber, daß das Bild mit diesen 3 Typen nicht vollständig ist, es fanden sich sonst noch eine durchweg ikterische, mehrere panaschierte Pflanzen und zahlreiche andere Varianten.

Es mußte aus diesen Befunden mit höchster Wahrscheinlichkeit der Schluß gezogen werden, daß aus Samen gelbblühender Lupinen blaue gefallen waren.

---

[1] Als Chaos und Tohuwabohu bezeichnete dieses Lupinenfeld der ausgezeichnete Kenner F. Merkenschlager, dem ich es zeigte.

Fall 4: Es wurde ein Teil der Ernte der Samen aus dem Jahre 1929 sorgfältig durchgesucht. Die Mutterpflanzen waren auf blaue Blüten genau geprüft und keine darunter gefunden, aber unter ihren Bohnen fanden sich 28, die eine große Ähnlichkeit mit denen der blauen Lupine hatten. Ganz charakteristisch waren sie nicht, sie unterschieden sich von der normalen durch undeutlichere Zeichnung und verschiedene Färbung beider Hälften. Sie waren so gleichartig, daß ich vermute, daß sie von ein und derselben Pflanze stammen, sie wurden auch nicht weit voneinander gefunden. Von den Bohnen der gelben Lupine waren sie scharf zu trennen. Diese 28 Bohnen wurden in größeren Abständen und mit genauer Bezeichnung am 27. April 1931 gesät. Aus ihnen entstanden nur 7 Pflanzen, und zwar 3 gelbe und 4 blaue. Von den letzteren wurde eine durch den Rüsselkäfer schon im nächsten Monat, 2 weitere später durch Johanniskrankheit zerstört. Es blieb eine Pflanze zurück, die sich sehr dem Trachtentypus der blauen Lupine näherte, sie hatte deren Blätter, Blüten- und Hülsenstand ohne steriles Ende und die bei der blauen Lupine zuweilen vorkommende Schlafbewegung. Ich bemerke, daß ich die letztere nur in diesem einzigen Falle sah, und daß sie sich nicht auf die Nachkommen vererbt hat. Die Lupine ist von mir in zahlreichen Pflanzen weitergezogen worden, ihre Nachkommen gehören ohne jede Ausnahme der blauen Art an.

Von den 3 gelben Lupinen, die aus der Saat vom 27. April 1931 fielen, zeigte eine nichts Besonderes, und von den beiden anderen wird uns eine noch beschäftigen.

Fall 5: Am 8. September 1931 reifte noch nachträglich, lange nach ihren gleichzeitig gesäten Schwestern, in dem erwähnten bunten Versuchsfelde vom Jahre 1931 eine Lupine, die gelb geblüht, aber ganz unverkennbar die Hülsen der blauen Lupine hatte. Sie wurde geerntet, und es wurde festgestellt, daß auch ihre Samen der blauen Lupine angehörten. Bald darauf schob die Pflanze noch 2 kurze tiefblaue Blütenstände, die keine Früchte brachten. Die Pflanze starb nach der Reife nicht ab, sondern machte fortwährend neue Triebe, so daß sie die anderen überragte. Erst am 5. November wurde die noch völlig grüne und üppige Pflanze

16

vom Frost getötet. Ihre Nachkommen waren typische blaue Lupinen.

Fall 6: Auf demselben Felde reifte noch einige Tage später als die vorige eine Lupine, die ebenfalls gelb geblüht hatte, im übrigen aber alle Zeichen der blauen aufwies. Ihr einziger Fruchtstand wurde am 12. September 1931 geerntet. Die Bohnen erwiesen sich als die der blauen und brachten entsprechende Nachkommen hervor. Auch diese Lupine zeichnete sich durch ihre lange Lebensdauer und ihr fortwährendes Wachstum aus. Sie starb ebenfalls durch Frost zusammen mit der vorigen.

Fall 7: Auf demselben Felde befand sich noch eine dritte spätreifende Pflanze. Sie gehörte dem Intermediärtyp an und hatte ungefähr ebenso viele Merkmale für die gelbe wie für die blaue Lupine. Die Pflanze brachte 7 Hülsen, davon reiften 4, die am 12. September 1931 geerntet wurden, 2 waren erst am 16. Oktober reif. Außerdem platzte eine Hülse ohne Inhalt. Zum Schluß erschien noch an der Pflanze eine rosagefärbte Blüte, die unfruchtbar blieb. Die reifen Hülsen standen in der Mitte zwischen denen der gelben und der blauen Lupine. Von der ersteren hatten sie die starke Behaarung, von der letzteren das für sie charakteristische Längsgeäder. Eine von den Hülsen freilich hatte dies nur auf der einen Seite. Eine rosagefärbte Blüte habe ich sonst bei all meinen Lupinenzuchten weder bei gelben noch bei blauen je erzielt. Ich weiß aber, daß eine Varietät der blauen rosa blüht. Unsere Blüte gehört also der Farbe und, wie ich hinzufüge, auch ihrem Aufbau nach der blauen Lupine an. Ich bemerke dabei, daß alle unsere blauen Transmutationen zuerst mit einem Stich ins Rötliche blühten, in weiteren Generationen aber rein blau. Wider Erwarten enthielten die anscheinend ganz gesunden Hülsen der zuletzt beschriebenen Pflanze nur 12 Bohnen, und von diesen waren noch 11 schlecht ausgebildet, d. h. klein, platt und auf beiden Seiten eingedellt. Die Bohnen hatten ein sehr eigentümliches Aussehen, sie standen in Farbe und Fleckung in der Mitte zwischen denen der gelben und blauen Lupine. Die aus ihnen gezogenen Nachkommen gehörten in jeder Beziehung der gelben an. Auch die letztbeschriebene Pflanze zeichnete sich, wie die beiden vorigen, durch späte Reifung und Langlebigkeit aus.

Ähnliche Erfahrungen, wie die hier geschilderten, die ich aber übergehe, weil sie nichts Neues bieten, habe ich noch mehrfach gemacht.

Dagegen muß ich wegen ihrer grundsätzlichen Wichtigkeit noch folgende Versuche anführen:

Fall 8: Aus den 600 Charlottenhöfer Ursprungsnamen, aus denen die an zweiter Stelle genannte ausdauernde Lupine (Lupinus polyphyllus) fiel, entstand noch ein zweiter auffallender Keimling. Er blieb gegen seine Geschwister zunächst in der Keimung und im Wachstum stark zurück. Dann aber entwickelte er binnen 3 Tagen einen 5 cm langen Stiel, an dessen oberem Ende die geschlossenen rötlichen Keimblätter saßen. Der Sämling wurde in einen Lattentopf gesetzt und zunächst im Gewächshause aufbewahrt, bis die Pflanze 20 cm hoch war, dann wurde sie ins Freiland gebracht und zum Schutze gegen tierische Schädlinge eingegattert. Es entwickelte sich eine typische blaue Lupine von stattlichem Wuchs und großer Schönheit, die aber leider in voller Blüte der „Schwarzbeinigkeit" erlag.

Fall 9: Aus der Ursprungssaat der 2000 Charlottenhöfer Lupinen vom Jahre 1934 entstand eine, die die Keimblätter und die Wuchsform von der gelben Lupine hatte. Das erste absonderliche Zeichen bestand darin, daß sie unten die Blätter der gelben, dagegen oben ganz unzweifelhaft die der blauen Lupine trug. Dies zeigte sich nicht nur in der Schmalheit der Teilblättchen, sondern auch in ihren abgerundeten Spitzen. Jeder Kenner würde ein solches einzelnes Blatt unbedenklich als der blauen Lupine angehörig bestimmt haben. Die Pflanze blühte gelb, aber lange vor den gleichzeitig oder meist sogar vor ihr gesäten Geschwistern. Schon am 17. Juli 1934 wurde ihr reifer Fruchtstand geerntet. Er trug 5 für die gelbe Lupine ganz charakteristische Hülsen, d. h. sie waren dicht behaart, platt, tief gekammert und ohne das Längsgeäder der Hülsen der blauen Lupine. Am 20. Juli wurden die Hülsen geöffnet, sie enthielten 14 Bohnen, von ihnen gehörten 13 ganz unverkennbar der gelben Lupine an, und zwar fanden sich vom Typus der Charlottenhöfer Ursprungslupine, der, wie wir hörten, durch weißlichen Untergrund mit geringer und kleiner Fleckung und ohne Mond gekennzeichnet ist, bis zur fast ganz schwarzen Bohne mit scharf gezeichnetem weißem Mond alle Übergänge. Keine war der anderen gleich. Das Auffallendste aber war die 14. Bohne, die ganz unzweifelhaft der blauen Lupine angehörte. Über das Schicksal der Nachkommen kann ich noch nicht berichten, da die Absaat zum Zweck einer guten Ernte erst im nächsten Jahre erfolgen soll.

Auswertung der zweiten Beobachtung.

1. Die Transmutanten der II. Beobachtung unterscheiden sich von denen der I. in wesentlichen Stücken, nämlich: a) es wird hier die gelbe Lupine in die weit näher verwandte blaue übergeführt. Doch erwähnte ich schon, daß es sich auch bei der gelben und blauen Lupine um fest bestimmte Arten handelt, die sich nur schwer oder gar nicht miteinander kreuzen lassen. b) Lupinus polyphyllus fiel in sämtlichen Fällen unvermittelt von der Charlottenhöfer Ursprungssaat. Dies geschah bei den Transmutanten der II. Beobachtung nur ein einziges Mal, nämlich in Fall 8.

2. Dagegen verhielten sich die Transmutanten der I. wie der II. Beobachtung darin gleich, daß sie nach Vollendung der Transmutation vollkommen konstante Arten bildeten, ohne zu mendeln und ohne auf die gelbe Urform zurückzuschlagen.

3. Die einzige Zwischenform, die sich im 1. und 2. Falle zwischen die Ursprungssaat und die erste Absaat einschob, hatte Merkmale sowohl von der gelben wie von der blauen Lupine. Das Auffallendste war, daß sie gelb blühte und blau fruchtete. Man hätte sie für einen Bastard halten können, indessen wies die weitere Beobachtung nach, daß sie nicht mendelte.

4. Wir wollen sehen, ob die Transmutation der gelben in die blaue Lupine die Regel, die wir für den 1. und 2. Fall, d. h. das Auftreten nur *einer* Zwischenform, vorfanden, auch

weiterhin einhält. Es ist möglich, daß dies bei Fall 3, 5 und 6
zutrifft, denn die Saat, mit der das Feld, von dem diese 3
stammen, bestellt war, ist ein Gemisch der ersten bis vierten
Absaat. Es wäre also möglich, daß die Transmutation auch
in diesen Fällen sich schon in der ersten Absaat fertig voll-
zogen hätte.

Dagegen paßt dies nicht für Fall 4. Nach den Aufzeich-
nungen stammt das Saatmaterial, das gelb blühte und blaue
Bohnen lieferte, aus der Ernte 1929. Wäre es fortlaufend in
den Jahren 1925—1929 vermehrt, so handelte es sich um die
vierte Absaat, es schöben sich also statt *eines* Zwischengliedes
4 ein, um die Transmutation zu verwirklichen. Indessen muß
ich bemerken, daß ich bereits im Jahre 1925 durch Anlegung
sehr weitläufiger Saat einzelstehende außerordentlich buschige
Pflanzen bekam, die überreich fruchteten. Es blieb von der
Ernte viel Saatgut übrig, und es ist nicht ausgeschlossen, daß
dieses, das aus dem Jahre 1925 stammte, erst im Jahre 1929
verwandt wurde. Leider habe ich hierüber keine genauen Auf-
zeichnungen. Wäre die Transmutation in demselben Gange
erfolgt wie in den Fällen 1 und 2, so hätten deshalb schon
im Jahre 1929 blaue Lupinen fallen müssen. Es hätte also
zur Verwirklichung der Transmutation nicht eines, sondern
zweier Zwischenglieder bedurft.

5. Der 7. Fall pendelt hin und her zwischen gelb und blau,
wird aber schließlich wieder gelb bei den Nachkommen. Er
mutierte schon während der Blüte an einem Zweige, der steril
blieb. Die Frage, ob dieser eine Zweig blaue Nachkommen
erzeugt hätte, konnte also nicht geklärt werden.

6. Bisher haben wir als Regel kennengelernt, daß das einzige oder das letzte Zwischenglied zwischen der gelben Ursprungssaat und der Vollendung der blauen Transmutante
gelb blühte und blau fruchtete. Hier finden wir als einzige
Ausnahme den Fall 9. Es handelt sich bei dieser Pflanze nach
jeder Richtung hin um eine echte Zwischenform, wie wir sie
schon öfter sahen, aber ihre gelben Blüten lieferten 13 gelbe
und eine blaue Bohne.

Fassen wir das Ergebnis der II. Beobachtung zusammen:
Die blaue Transmutante entstand nur in einem Falle (Fall 8)

aus der gelben Ursprungsform plötzlich und sprunghaft wie eine Mutante, alle übrigen hatten Zwischenglieder nötig. Die Regellosigkeit ist charakteristisch für die Transmutation der blauen aus der gelben Lupine. Mit Bastardierung und Mendelschen Regeln hat auch sie nicht das geringste zu tun.

III. Beobachtung. Aus der Überschrift geht hervor, daß ich versucht habe, durch den hier angewandten Keimverzug und, wie ich hinzufüge, auch durch andere Mittel neue Arten und Rassen zu erzeugen. Das erstere ist mir nicht gelungen, ich habe nur verschiedene schon bekannte Arten unvermittelt oder auf dem Umwege über Zwischenformen ineinander überführen können. Doch läßt schon die Beschreibung des Lupinenfeldes vom Jahre 1931, welches ein Chaos von den verschiedensten Formen von Lupinen trug, vermuten, daß sich neue Rassen oder Sorten daraus züchten lassen, vielleicht auch solche, die die landwirtschaftliche Praxis benötigt. Diese pflegt ja nach einem einzigen oder wenigen Merkmalen hinzusteuern, die für sie günstig sind. Solche sind bei Lupinen: gleichmäßige und frühe Reife der Früchte, Nichtplatzen der Hülsen, üppiges Laub, Widerstand gegen Frost, geringe Ansprüche an Boden und vor allen Dingen heutzutage Mangel an Alkaloiden und Bitterstoffen. Jeder will heute die B a u r sche „Süßlupine" haben.

Dieselbe Mannigfaltigkeit, wie jenes Versuchsfeld für die äußere Tracht der Pflanzen aufwies, zeigten auch ihre Samen. Das geschilderte Ausgangsmaterial der Charlottenhöfer Lupinenbohnen ist sehr einförmig, nur wenige haben einen Mond, alle anderen haben auf schmutzigweißem Grunde eine geringe schwarze Fleckung. Die letzteren wurden ausschließlich für das beschriebene Feld verwandt. Ihre Nachkommen variieren aber von ganz Schwarz bis ganz Weiß, vom fehlenden bis zum scharf gezeichneten Monde in allen erdenklichen Formen. Nun hat sich herausgestellt, daß diese Zeichnungen der einzelnen Variationen zum Teil beständig, zum Teil vergänglich sind.

Fall 1: Als Beispiel erwähne ich eine ganz schwarze Bohne mit *braunem* Monde. Sie vererbt sich sowohl in den Merkmalen des Samens als auch in denen der daraus entstandenen

Pflanzen mit großer Stetigkeit. Mag man sie irgendwo aus dem Gemenge nehmen, wo die Möglichkeit der Fremdbestäubung vorliegt, so entstehen trotzdem aus ihren Absaaten ganze Felder von Pflanzen, die überall dieselbe Tracht und dieselben Bohnen haben. In der Tracht sind die Pflanzen sehr kräftig, laubreich, gleichmäßig und früh reifend, und sie fallen schon von weitem durch ihr dunkelgrünes Laub auf. Sie sind reich an Bitterstoff und Alkaloiden.

Fall 2: Während diese schwarzen Bohnen mit *braunem* Monde eine sehr beständige Rasse liefern, so ist dies bei anderen anscheinend nächst verwandten Früchten, die schwarz mit *weißem* Mond sind, durchaus nicht der Fall. Die Samen der aus ihnen gezogenen Pflanzen, die ein Feldstück von annähernd 200 qm bedeckten, waren ohne jede Ausnahme in die Zeichnung der ursprünglichen Charlottenhöfer Form zurückgefallen.

Fall 3: Ich gehe zu einer zweiten konstanten Rasse über, die am anderen Ende der Reihe steht, zu einer Lupine, deren Früchte in ihrer großen Mehrzahl blaßgelb (cremefarben) sind mit ganz vereinzelten kleinen schwarzen Pünktchen. Die Grundfarbe variiert in Blaßrosa bis Blaßgrün. Ein kleiner Teil der Bohnen ist rein blaßgelb ohne jede Punktierung. Die Mondzeichnung fehlt allen. Über die Entstehung dieser Bohnen aus den Charlottenhöfern muß ich auf meine Bemerkung in Fall 4 der II. Beobachtung verweisen. Der Leser wird sich erinnern, daß Charlottenhöfer Ursprungssamen auch Lupinen geliefert hatten, die gelb blühten, aber Früchte vom Typus der blauen trugen. Sie wurden im Jahre 1929 aus der Ernte herausgesucht. Es fanden sich 28 Stück, aus denen neben 4 blauen auch 3 gelbe Pflanzen fielen, von denen eine nichts Besonderes zeigte. Die zweite mit ihren Besonderheiten werde ich vielleicht später mitteilen. Die dritte beschreibe ich hier. Die „blaue" Bohne, aus der sie entstand, wurde am 27. April 1931 gesät. Die Pflanze wuchs kräftig heran. Sie wurde dann von Krankheiten heimgesucht, hatte Chlorophylldefekte, örtliche Chlorose, Meltau und zahlreiche Verkrümmungen. Ein großer Teil ihrer Blätter, besonders ihre Blattspitzen, starben ab. Dann aber erholte sie sich wieder, trieb neue Blätter, die

Anklänge an die mittelländische gelbe Wildform[1] hatten. Noch mehr zeigte sie diese Anklänge in den kriechenden unteren Verzweigungen, mit denen sie weit auslud. Sie trug zahlreiche Hülsen (185 an der Zahl). Diese enthielten reichlich kleine Früchte, die ich oben schon geschildert habe. F. Merkenschlager fällte über die Früchte folgendes Urteil: „Sie stellen eine Intermediärform zwischen der blauen und der gelben Lupine dar." Er vermutete, daß die Pflanze im nächsten Jahre mendeln würde, und zwar in der Weise, daß ein Viertel der Abkömmlinge blau, zwei Viertel intermediär und ein Viertel defekt (ikterisch bzw. blauadrig blaß) blühen würde.

Merkenschlagers Vermutung ist nicht eingetroffen. Diese Sorte hat sich als außerordentlich konstant gezeigt. Alle die sehr zahlreichen Nachkommen, die ich in 4 Jahren von ihr gezogen habe, waren reine gelbe Lupinen, die insonderheit auch sämtlich gelb geblüht haben. Die Anklänge an die alte Urform sind ihr geblieben, und zwar auch in den Blüten, von denen die Hälfte der mittelländischen Wildform ähnlich sieht, ebenso wie bei sehr vielen Pflanzen in der Art des Wachsens und dem Aussehen der Blätter. Ebenso sind ihre sehr charakteristischen Früchte dieselben geblieben.

Die Sorte ist vielleicht anbauwürdig, weil ihre Pflanzen viel Laub geben und ein verhältnismäßig hoher Prozentsatz die Eigenschaften der Baurschen Süßlupine zeigt, was sich sowohl in der Reaktion als auch in dem starken Verbiß des Wildes kenntlich macht. Es ist vielleicht kein Zufall, daß die Baursche Süßlupine ihr auch in der äußeren Tracht ähnlich sieht, während ihre Samen grundverschieden sind. Ob irgendeine meiner Arten und Rassen jemals landwirtschaftliche Bedeutung erlangen wird, kann ich nicht beurteilen.

IV. Beobachtung. Wir wollen die Entwicklung der Charlottenhöfer Lupinen in ihren verschiedenen Generationen verfolgen. Sowohl die Ursprungssaat als auch die erste Absaat brachten außer den Transmutationen nichts Besonderes. Da trat im Jahre 1931 das Feld auf mit dem Chaos der Lupinenformen. Was wurde aus diesem Chaos? Um das festzustellen,

---

[1] Ich verdanke F. Merkenschlager einige Samen von dieser gelben Wildform, die ich zum Vergleich mit meinen Lupinenrassen angebaut habe.

wurden die Früchte, sobald sie reif waren, sorgfältig mit der Hand geerntet, so daß keine Bohnen verlorengingen. Das Gewicht sämtlicher Samen, mit Ausnahme der blauen und anderer, die sich durch irgend etwas Auffallendes auszeichneten und deshalb gesondert gesammelt wurden, betrug 119 Pfund und 100 g. Im Jahre 1932 wurden sie in größeren Abständen gesät, so daß die Pflanzen sich breit entwickeln und stark fruchten konnten. So wurden im Jahre 1932 15 Zentner geerntet. Schon jetzt fiel auf, daß das Chaos der Lupinenformen so gut wie verschwunden und eine ziemlich einheitliche gelbe Lupine entstanden war.

Diese ganzen 15 Zentner wurden im Jahre 1933 auf einem zusammenhängenden Felde ausgesät. Sie liefen sehr gut auf. Wären sie alle aufgegangen, so hätten es rund 6 Millionen Pflanzen sein müssen. Schätzen wir vorsichtig und nehmen an, daß 2 Millionen nicht aufgelaufen wären, so wären noch 4 Millionen zurückgeblieben. Trotz dieser großen Menge von Pflanzen war das Chaos gänzlich verschwunden, es waren ganz gewöhnliche gelbe Lupinen entstanden. Es fand sich keine blaue dazwischen und ebensowenig die verschiedenen Wuchsformen, die das 2 Jahre früher angelegte Feld aufwies. Auch die Bohnen waren in ihrer übergroßen Mehrzahl die gewöhnlichen der gelben Lupine. Nur wenige hatten noch Zeichnung und Aussehen der beschriebenen Charlottenhöfer Ursprungssaat.

Während die Weiterentwicklung der Pflanzen des Chaosfeldes sehr klar ist, so gilt dies nicht für ihre Vorgeschichte, weil, wie ich schon beschrieb, diese nur unvollkommen verfolgt ist. Deshalb will ich mich wieder an das Charlottenhöfer Ursprungsmaterial wenden, um diese Vorgeschichte nach Möglichkeit zu vervollständigen.

Die im Jahre 1933 und 1934 aus ihm aufgehenden Lupinen waren, abgesehen von ihren Transmutationen, in ihrem Aufbau und Aussehen gemeine gelbe Lupinen, nur mit dem Unterschied, daß sich eine gewisse Anzahl von ihnen dem Aussehen der mittelländischen Wildform näherte. Das ist nicht zu verwundern, wenn man bedenkt, daß diese 64 und 65 Jahre im Keimverzug liegenden Lupinen dieser Wildform

noch wesentlich näherstehen, denn erst kurz vorher war der
Lupinenbau in Deutschland üblich geworden. Es ist anzunehmen, daß örtliche Kulturrassen sich damals bei uns noch
nicht ausgebildet hatten. Es ist also nicht zu entscheiden,
ob der Keimverzug dabei eine Rolle spielt oder ob damals
noch die Kulturform der gelben Lupine in Deutschland überhaupt der Wildform mehr ähnelte.

Die erste Absaat dieser Lupinen, die im Jahre 1934 erfolgte, verhielt sich ebenso, insbesondere waren die Anklänge
an die Wildform noch sehr ausgesprochen.

Ich erwähnte schon, daß unter diesen sich eine Anzahl mit
deutlicher Mondsichel befand. Diese Bohnen wurden besonders gesät, sie haben die Mondbildung vererbt, ebenso wie die
mit der gewöhnlichen Charlottenhöfer Zeichnung die ihrige.
Ich vermute nach den bisherigen Erfahrungen, daß sie auch in
der Zeichnung der Samen die Merkmale der gemeinen gelben
Lupine in weiteren Generationen annehmen werden.

Wie erklärt sich also das Chaosfeld vom Jahre 1931?
Waren es äußere Umstände, die zu dem Keimverzug erst hin-
zutreten mußten, um die große Mannigfaltigkeit der Formen
hervorzubringen, die wir bisher nicht wieder erreicht haben,
oder müssen wir die Weiterzüchtung der im vorigen und in
diesem Jahre gesäten Charlottenhöfer Ursprungssamen noch
abwarten, um in späteren Generationen einen gleichen Erfolg
zu erzielen? Das muß sich noch herausstellen.

Soviel aber steht fest, daß die Charlottenhöfer Lupinenbohnen ihre große Fähigkeit, in ihren Nachkommen zu variieren, und zwar bis zur Transmutation hin, auf spätere Generationen nicht vererben. Das gilt auch für ihre an Zahl wenigen Transmutanten, die sie erzeugt haben. Sie sind durchaus
konstante Arten.

Wie erklärt sich nun die Transmutation?

Man nimmt heutzutage allgemein an, daß die Erbfaktoren
in den Chromosomen sitzen und daß die Vererbung neuer
Eigenschaften, wie wir sie z. B. bei den Mutationen sehen.
eine Änderung in den Chromosomen voraussetze. Es liegt
nahe, dies auch für unsere Transmutationen anzunehmen.
Auf den ersten Blick scheint es, als wenn etwas Ähnliches

von M. Nawaschin[1] schon beobachtet ist. Er fand in ruhenden alten Samen Chromosomenmutationen, ähnlich wie man sie unter starken Einwirkungen von Röntgenstrahlen beobachtet hat. Bei näherer Betrachtung aber ergibt sich, daß es sich in unserem Falle um etwas ganz anderes handelt. Nawaschin beobachtete seine Chromosomen an alternden und kranken Samen mit herabgesetzter Keimfähigkeit. Die Mutationen der Pflanzen, die er aus diesen Samen entstehen sah, waren im wesentlichen die armseligen, krankhaften und wenig lebensfähigen Bildungen, wie man sie auch durch starke Gaben von Röntgenlicht und Giften künstlich erzielte. Die Samen dagegen, aus denen unsere Transmutationen gezogen wurden, waren nicht von Menschen künstlich aufbewahrt und durch Zeit und unnatürliche Lagerung in ihrer Lebenskraft und Keimfähigkeit geschwächt, sondern im Gegenteil hatte die Natur aus einer Unmenge von Lupinensamen die kräftigsten und besten herausgewählt, um sie jahrzehntelang in Schlaf zu halten. Diese Samen keimten, wie ich schon erwähnte, zu 100% und hatten eine noch einmal so große Keimenergie wie frische, gesunde reife Samen. Schließlich erwuchsen aus ihnen kräftige Pflanzen. Wir müssen in diesem natürlichen Keimverzug bei sonst schnell keimenden Samen wohl einen Kunstgriff der Natur sehen, um die Art zu erhalten und wieder aufleben zu lassen, wenn irgendwelche Schädlichkeiten, z. B. Dürre, Nässe oder Seuchen die Nachkommenschaft des betreffenden Jahres vernichten. Dann hat die Natur noch ein Ersatzmaterial an erstklassigen Samen zurückbehalten, das im nächsten Jahre oder nach Jahrzehnten noch imstande ist, aufzulaufen. Dazu wird nur das Allerbeste an Pflanzensamen verwandt, während das Schwächliche zugrunde geht.

Allerdings beobachteten wir auch bei unseren Transmutationen vorübergehend zuweilen krankhafte Erscheinungen, nämlich: Anfälligkeit gegen Krankheiten, unfruchtbare Blüten, Spätreife der Samen, Langlebigkeit der einjährigen Pflanzen. Panaschierungen, Ikterus, Chlorophyllmangel, Rie-

---

[1] Nawaschin, M.: Altern der Samen als Ursache von Chromosomenmutationen. Planta, Arch. f. wissenschaftl. Bot. **20**, H. 2. (1933).

sen und Zwerge. Aber diese Krankheiten und Mißgestalten befielen im allgemeinen nur die eine Generation, in der der Übergang erfolgte, dann trat die fertige Transmutante mindestens so gesund und kräftig auf, wie die besten Kontrollpflanzen derselben Art. Die Anfälligkeit gegen Seuchen und Schmarotzer verschwand, zur rechten Zeit reiften die Samen und zur rechten Zeit starben die einjährigen Pflanzen ab. Sowohl aus Zwergen als aus Riesen entstanden wieder normale Pflanzen, und zwar in einer ganzen Reihe von Generationen. Wir sehen also gerade das Umgekehrte vor sich gehen, wie bei den üblichen experimentellen Mutationen. Hier vererbt sich mit Vorliebe das Krankhafte, bei unseren Transmutanten schließlich nur das Gesunde.

Immerhin ist es ja höchst wahrscheinlich, daß auch bei unseren Transmutationen Änderungen der Chromosomen, und zwar ganz bestimmte Änderungen eintreten. Daraufhin ist bisher noch nicht untersucht worden. Gesetzt aber, man fände diese Chromosomenmutationen, so wäre damit eigentlich gar nichts erklärt. Es würde einfach die Frage: Warum ändern sich die Pflanzen? dahin verschoben sein: Warum verändern sich die Chromosomen? Da die Transmutation nicht einfach ziellos erfolgt, sondern ganz scharf und bestimmt die eine Art in die andere mit all ihren wesentlichen Merkmalen übergeht und vollständig normale Arten entstehen, so ist doch wohl eine Verstümmelung und Schädigung der Chromosomen ausgeschlossen, die zu den im allgemeinen krankhaften Mutationen führten, die man durch Experimente erzielte.

Auf meine eigene Theorie will ich heute noch nicht eingehen. Sie zu schildern bleibt einer weiteren Abhandlung vorbehalten. Hier beschränke ich mich auf die Anführung der Tatsachen.

Ob Transmutationen in der Natur häufiger vorkommen, kann ich nicht sagen. Meine Beobachtung des plötzlichen Auftretens von blauen Lupinen an Stellen, wo früher nur gelbe gestanden hatten, ist noch nicht beweisend. Ich halte es für sehr wohl möglich, daß auch hier, wie so oft schon, eine irrige Vermutung auf richtige Ergebnisse geführt hat.

Da ich gezeigt habe, daß der Keimverzug, der zu unseren Transmutationen führte, sich bei Lupinen auch künstlich erzeugen läßt, so sind weitere Versuche auf diesem Gebiete sehr wohl möglich, vorausgesetzt, daß der Keimverzug nicht, wie es in unserem Falle war, jahrzehntelang unterhalten werden muß. Auch für diesen Fall aber besitze ich noch genügend Charlottenhöfer Ursprungssamen, um ausgedehnte Versuche nach derselben Richtung hin zu machen.

Ferner kann man den Keimverzug im Sinne der Charlottenhöfer Lupinen ebenfalls an anderen Samen hervorbringen. Auch darüber werde ich noch später berichten.

Ich habe versucht, Transmutationen noch auf andere Weise, und zwar durch allerlei Reizmittel, herzustellen. Dies ist mir bisher nicht gelungen.

b) Weitere Mitteilungen über Transmutationen[1]

Im Jahre 1934 habe ich in dieser Zeitschrift[2] die Transmutation beschrieben, d. h. den Übergang einer wohldefinierten Pflanzenart, der gelben Lupine (Lupinus luteus), in zwei andere wohldefinierte Pflanzenarten, einerseits in die blaue (Lupinus angustifolius) und andererseits in die vielblätterige ausdauernde Lupine (Lupinus polyphyllus). Die dort beschriebenen Versuche sind fortgesetzt worden. Zunächst habe ich drei, die in der genannten Arbeit mitgeteilt waren, zu Ende zu führen. 1. Den Fall 2 der II. Beobachtung. Die dort erzielte Transmutante war gestaltlich zum Schluß auf den ersten Blick nach jeder Richtung hin Lupinus polyphyllus. Die wenigen Blätter, die sie von der gelben Lupine mitgebracht hatte, waren durch Meltau zerstört. Sie hatte lediglich noch Blätter der vielblätterigen ausdauernden Lupine, ihre Blüten und ihre Früchte. Die genauere Untersuchung dagegen ergab noch deutliche Merkmale der gelben Mutter. Die Transmutante hatte die Wurzel, die Wuchsform und das Absterben nach der Reife mit ihr gemein.

Ich habe von dieser Transmutante schon berichtet, daß sie

---

[1] Bier, A.: Der Züchter, **10**, H. 1. (1938).
[2] Züchter **1934**, 181 ff.

548 Bohnen trug, die im Frühjahr 1934 gesät wurden. Die daraus erwachsenen Pflanzen waren gestaltlich Lupini polyphylli. Dagegen hatten sie beim Abschluß der Arbeit noch nicht den Beweis erbracht, daß sie auch ausdauernd waren. Es hat sich nun tatsächlich gezeigt, daß diese Enkel der gelben Lupine ausdauernd waren. Die Pflanzen sind in jeder Beziehung typische Lupini polyphylli geworden.

2. Denn Fall 3 der I. Beobachtung. Von den drei Lupini polyphylli, die im Jahre 1934 aus Bohnen der gelben Lupine erzogen waren, blieb schließlich nur eine Pflanze übrig. Eine wurde, wie ich schon beschrieb, durch Schnecken-, eine weitere später durch Engerlingsfraß vernichtet. Die dritte hat sämtliche Merkmale von Lupinus polyphyllus, ebenso wie ihre zahlreichen Kinder, die aus ihrem Samen entstanden sind.

3. Den Fall 9 der II. Beobachtung. Der Leser möge sich erinnern, daß es sich hier um eine Pflanze aus dem Jahre 1934 handelte, die aus der Charlottenhöfer Ursprungssaat, einer Bohne der gelben Lupine, entstanden war. Sie wuchs und blühte wie eine gelbe und hatte auch deren Hülsen. Von ihren 14 Bohnen gehörten 13 unverkennbar der gelben, die 14. aber ebenso unverkennbar der blauen Lupine an. Diese 14 Bohnen wurden im nächsten Jahre ausgesät und hatten das erwartete Ergebnis. Aus den 13 „gelben" entstanden gelbe Lupinen, aus der 14. „blauen" eine ausgesprochene blaue, die in nichts mehr an die gelbe Mutter und ihre gelben Geschwister erinnerte, eine prachtvolle kräftige und gesunde Pflanze, die reichlich geblüht und gefruchtet hat. Sie war mehr als dreimal so hoch wie ihre gelben Schwestern, die neben ihr standen.

Im Jahre 1937 machte ich einen neuen größeren Versuch mit Charlottenhöfer Ursprungssaat. Ehe ich ihn schildere, muß ich dem, was ich früher über die letztere gesagt habe, folgendes hinzufügen:

Die erste Sendung erhielt ich am 4. Juli 1924, die zweite am 28. Juli 1924, die dritte am 13. Mai 1925. Es waren jedesmal nur wenig Bohnen, deren genauere Zahl ich nicht mehr angeben kann.

Die vierte wesentlich größere Sendung erhielt ich am

30. Oktober 1931. Unter diesen vier Sendungen befand sich keine einzige Lupinenbohne mit Mond. Die Samen waren alle klein, auf weißgrauem Grunde fein und spärlich gepunktet. Ihre Schale war blank und glänzend, sie glichen geschliffenen Steinen. Ferner waren sie außerordentlich hart, was sich beim Anritzen der Schale sehr bemerkbar machte.

Erst im Jahre 1933 wurde der Boden, der die im Keimverzug befindlichen Samen enthielt, zwecks größerer Ausbeute mit genügenden Arbeitskräften methodisch durchsucht. Daraufhin erhielt ich am 3. und 27. August 1933 im ganzen etwa drei Pfund. Es fiel auf, daß ungefähr ein Drittel dieser Bohnen deutlichen Mond aufwies, auch sonst die Zeichnung gemeiner gelber Lupinenkörner trug, weicher war und sich leicht ritzen und schneiden ließ. Von den letzteren hatte eine ganze Anzahl gekeimt. Die Keime waren vertrocknet.

Die Erklärung liegt nahe. Ich habe schon früher mitgeteilt, daß bei der Bearbeitung des Bodens Lupinenpflanzen aufgelaufen waren. Sie stammten natürlich ursprünglich aus den im Keimverzug befindlichen Samen, die durch Verletzung bei der Bodenbearbeitung, vielleicht auch durch andere Umstände zum Auflaufen gekommen waren. Diese Pflanzen hatten gefruchtet und ihre Samen ausgestreut; diese Samen befanden sich nicht in dem langen Keimverzuge wie die ihrer Eltern und wurden mit den letzteren gesammelt. Dafür spricht das Datum (3. und 27. August), d. h. also eine Zeit, zu der die Reifung der Lupinensamen vollendet zu sein pflegt. Ein Teil dieser Bohnen hatte gekeimt, ein anderer Teil noch nicht. Diese letzteren Bohnen, die etwa ein Drittel der Gesamtmasse ausmachten, habe ich wahrscheinlich bekommen. Ich wiederhole, daß die Charlottenhöfer Ursprungssaat, die sich im Keimverzug befindet, in ihren Nachkommen die Mondbildung zu etwa zwei Drittel annimmt.

Von den Charlottenhöfer Lupinensamen sind mir heute noch 6639 Stück übriggeblieben. Von diesen haben 3377 keinen, 3262 einen ausgeprägten Mond. Abgerechnet sind die Samen mit vertrockneten Keimen und weitere 5, die sich durch Besonderheiten auszeichnen und deren Lebensgang deshalb im nächsten Jahre untersucht werden soll.

Ich bemerke, daß noch niemals aus einer mit Mond versehenen Lupinenbohne eine Transmutante oder auch nur eine erbfest bleibende Abweichung mit Sicherheit erzielt wurde. Diese stammten in den Fällen, wo ich ihre Herkunft verfolgen konnte, ohne Ausnahme aus den beschriebenen mondfreien kleinen und harten Charlottenhöfer Ursprungssamen.

Der letzte größere Versuch wurde in folgender Weise durchgeführt: Am 7. April 1937 wurden 1000 Charlottenhöfer Lupinensamen ohne und 1000 mit Mond unter den in meiner vorigen Arbeit geschilderten Vorsichtsmaßregeln in kleine Papptöpfe mit durchlochten Böden und Seitenwänden gebracht und im Gewächshause aufgestellt. Dem Versuche wurde aus äußeren Gründen anfangs nicht die nötige Sorgfalt gewidmet, unter anderem wurden die Pflanzen erst Mitte Juni ins Freiland gesetzt. Bis dahin waren sie in ihren kleinen Töpfen eingekerkert. Reichlich 200 starben schon im Gewächshause ab. Von den übriggebliebenen ereilte dasselbe Schicksal noch etwa die Hälfte der Gesamtzahl im Freilande. Es liegt dies daran, daß mein Versuchsgarten mit allerlei Schädlingen und Krankheiten verseucht ist, vor allem mit Engerlingen, Drahtwürmern, Lupinenrüsselkäfern und Infektionskrankheiten, worunter Johanniskrankheit, Schwarzbeinigkeit und Meltau in erster Linie stehen. Diese Krankheiten befallen die gelben und blauen Lupinen jeglicher Herkunft, am stärksten diejenigen, die wie meine letzte Versuchssaat durch das lange Verweilen im Gewächshaus bei ungünstigen Ernährungsverhältnissen geschwächt waren. Ich habe schon auseinandergesetzt, daß gegen diese Krankheiten und Schäden diejenigen Stücke, die zur Mutation oder Transmutation neigen, besonders anfällig sind. Es kommt hinzu, daß ich eine ganze Reihe von Jahren hindurch dieselben Plätze mit Lupinen bestellt habe, weil ich aus früheren Beobachtungen glaubte schließen zu dürfen, daß der Boden nicht lupinenmüde würde. Zwar scheint er mir das in der Tat so schnell nicht zu werden, indessen verseucht er durch die geschilderten Krankheiten. Widerstandsfähig bleiben nur die perennierenden Lupinen. Ich habe mich deshalb entschlossen, wertvolles Saatgut für spätere Versuche nach Möglichkeit an anderen nicht so verseuchten Stellen unterzubringen.

Trotz dieser ungünstigen Umstände habe ich einige bemerkenswerte Ergebnisse erzielt, von denen sich die meisten erst bei der nächsten Ernte, einige aber schon jetzt auswerten lassen. Die letzteren schildere ich. In erster Linie steht eine neue klare Transmutation aus einer gelben Lupine in eine blaue. Die Pflanze stammt aus der Charlottenhöfer Ursprungssaat ohne Mond. Sie war eine typische gelbe Lupine, die auch gelb blühte. Ihre drei Hülsen gehörten ebenso unverkennbar der gelben Art an. Von vornherein fiel an der Pflanze auf, daß sie verhältnismäßig schmalblätterig war und stark im Wachstum zurückblieb. Sie wurde deshalb schon frühzeitig als transmutationsverdächtig angemerkt und täglich beobachtet. Sie starb Mitte August ab, ehe die Hülsen völlig ausgereift waren. Am 28. August wurden die letzteren notreif geerntet, zwei waren taub, die dritte enthielt vier Früchte. Von diesen war die oberste verkümmert, die beiden mittleren klein, aber gesund, die unterste eingedellt. Die beiden gesunden Früchte waren ganz unverkennbar solche der blauen Lupine geworden, die untere eingedellte ein Mittelding zwischen blau und gelb, sie hat die Grundfarbe der blauen, aber einige Punkte der gelben. Am 29. August 1937 wurde eine der unzweifelhaft „blauen" Bohnen in einen großen Blumentopf gebracht, im Gewächshause aufgestellt und täglich beobachtet. Es wuchs aus ihr eine klare blaue Lupine, kenntlich an dem langen rotbraunen Stiele, blauroten Keimblättern und schnellem Höhenwachstum[1]. Auch das eine entgültige Blatt, zu dem sie es brachte, sah aus wie das einer blauen Lupine. Es hatte vier Teilblättchen mit abgerundeten Spitzen und rötlicher Umrandung. Allerdings muß ich bemerken, daß in der frühesten Jugend und vor der vollen Entfaltung die Blätter der blauen Lupine von denen der gelben schwer zu unterscheiden sind. Die genannten übrigen Merkmale aber genügen vollkommen zur sicheren Artbestimmung. Leider starb die Pflanze schon am 14. September ab, allem Anschein nach an Schwarzbeinig-

---

[1] Dies sind die typischen Merkmale der jungen blauen Lupine, die ich schon im Züchter **1934**, 187 unter Fall 8 der zweiten Beobachtung schilderte.

keit, während sie am 13. noch ganz gesund erschien. Die Schwarzbeinigkeit ist für die blaue Lupine in Sauen, weit mehr noch als für die gelbe, eine außerordentlich akute und mörderische Krankheit. Bei einer so jugendlichen Pflanze, wie bei der geschilderten, habe ich sie noch nie beobachtet und in keinem Falle so schnell tödlich verlaufen sehen. Die Aussaat der beiden restlichen Bohnen ist für das Frühjahr 1938 vorbehalten.

Der Verlauf dieser Transmutation erinnert lebhaft an den Fall 9 der II. Beobachtung, dessen Beschreibung ich in dieser Arbeit zu Ende geführt habe.

In meiner ersten Abhandlung über Transmutation (S. 21) habe ich mitgeteilt, daß wir sämtliche Zeichnungs- und Farbenverschiedenheiten von schwarz bis weiß an den Samen der Nachkommen der Charlottenhöfer Ursprungssaat haben entstehen sehen, und zwar am meisten ausgeprägt in meinem sogenannten „Chaosfelde" vom Jahre 1931. So viele Lupinenfelder in meiner Gegend ich auch auf die Verschiedenheiten der Farben und der Zeichnungen ihrer Samen untersucht habe, nie habe ich eine ähnliche Mannigfaltigkeit gefunden. Die beiden äußersten Formen, die in dem „Chaosfelde" auftraten, die schwarzen und die weißen, habe ich weitergezüchtet. Ich beschrieb schon, daß unter den sonst ganz schwarzen zwei Formen auftraten, die eine mit blendend weißem, die andere mit gelbem Mond. Dies Zeichen war in beiden Fällen außerordentlich scharf ausgeprägt. In ihren Absaaten verhielten sich diese anscheinend nahe verwandten Formen aber durchaus verschieden. Die mit weißem Mond lieferten Nachkommen, unter denen sich keine einzige schwarze wiederfand. Sie waren in der ersten Folge in die Zeichnung der Charlottenhöfer Ursprungssaat zurückgefallen, auch in der Weiterzucht fanden sich nie wieder schwarze Samenkörner, sondern solche von den verschiedenartigsten Formen, gewöhnlich mit, selten auch ohne Mond, wie man sie in jedem Lupinengemenge antrifft. Die Farbenveränderung verschwand also schon in der ersten Geschlechterfolge, und die Form schwarze Bohne mit weißem Mond wurde dadurch ausgerottet.

Aus dem Gemenge wurden die schwarzen Bohnen mit gelbem Mond ausgesucht und weitergezüchtet. Die zahlreichen Samenkörner, die durch meine Hände gegangen sind, trugen ohne Ausnahme die ursprüngliche Farbe schwarz mit braungelbem Monde. Auch im Jahre 1937 wurde wieder eine Anzahl dieser schwarzen Bohnen ausgesät, um die Varietät zu erhalten. Die daraus entstandenen Pflanzen lieferten 14026 Früchte. Von ihnen hatten 13720 die beschriebene Farbe schwarz mit gelbem Mond. 249 waren gefleckte Lupinen, die bis auf vier auf die Charlottenhöfer Ursprungssaat zurückgeschlagen waren. 57 waren gleichmäßig schwarz ohne Mondbildung. Die letzteren traten zum ersten Male auf. Ich habe sie anderweitig niemals gesehen. Sie sollen fortgezüchtet werden. Daß gefleckte zwischen den schwarzen mit gelbem Mond auftraten, wurde ebenfalls zum erstenmal bemerkt. Ich halte es für möglich, daß ein oder mehrere Samenkörner einer gefleckten Sorte zwischen die schwarzsamigen geraten sind. Es ist ebenso wahrscheinlich, daß es sich um einen Rückschlag auf die alte Charlottenhöfer Ursprungssaat handelt, der dann zu 1,8% aufgetreten wäre. Dies scheint mir bemerkenswert, besonders zeigt es auch, wie scharf geringe Zeichnungs- und Farbenveränderungen die innere Verfassung einer Pflanze kennzeichnen können. Ja, dieses wichtige Merkmal der Farbe spielt eine große Rolle bei allen Naturgegenständen, wie bei vielen chemischen Reaktionen. Ich selbst habe mich der Beobachtung der Färbung mit großem Erfolg für die Erforschung des Blutkreislaufes beim Menschen und beim Säugetier bedient, ein Verfahren, das dann reichlich auch von anderen angewandt ist[1]. Welche Rolle die Beobachtung der Farbe in Mendels berühmten Untersuchungen gespielt hat, brauche ich wohl nicht auseinanderzusetzen.

In beträchtlichem Maße, aber bei weitem nicht so durchgehend beständig wie die letztgenannten, zeigten sich die weißen Samenkörner. Etwa ein Viertel davon wurde gefleckt im Sinne gewöhnlicher gelber Lupinen. Etwa drei Viertel fielen wieder rein weiß aus. Durchgezählt sind sie nicht.

Ich hegte immer die stille Hoffnung, daß auch einmal eine

---

[1] Vgl. A. Bier: Beiträge zur Physiologie und Pathologie des Blutkreislaufes. Virchows Arch. **1933, 1934, 1935**.

Transmutation der gelben in die weiße Lupine (Lupinus albus) glücken würde. Bisher ist sie mir nicht gelungen. Ich gebe aber die Hoffnung noch nicht ganz auf, denn gerade im Jahre 1937 erzielte ich spätreifende Samen bei einigen Stücken, die von denen der weißen Lupine schlechterdings nicht zu unterscheiden sind. Sie sind sehr groß, ziemlich platt, eingedellt und reiften spät. Das sind alles Merkmale, die auch die weiße Lupine (Lupinus albus) auszeichnen. Auch in der Hülse, im Höhenwachstum und der Belaubung haben einige meiner Pflanzen mit der weißen allerdings nur eine entfernte Ähnlichkeit. Die Frage ist erst bei weiterer Beobachtung und Züchtung zu entscheiden.

Ich bemerke auch hier wieder, daß meine Transmutationen mit den Mutationen, die Nawaschin und andere mit „alternden" Samen erzielten, nichts gemeinsam haben. Diese Samen sind, wie schon ihr Name „alternde" sagt, krank und weniger lebensfähig, meine dagegen haben jetzt eine Keimruhe von 68 Jahren hinter sich und sind noch mindestens so gesund, so keimfähig und wuchsfreudig wie irgendein frisch geernteter normaler Kontrollsamen. Im Gegenteil, sie übertreffen diese sogar an Keimfähigkeit, Keimbereitschaft und Immunität gegen die beiden Urinfektionen Schimmelung und Fäulnis. Sie stellen also, wie ich schon in meiner vorigen Arbeit in dieser Zeitschrift betonte, eine vortreffliche Auslese dar und strotzen vor Jugendkraft trotz ihres Alters.

Ich habe schon im Jahre 1925 mitgeteilt[1], daß ich durch Erhitzen und Trocknen Hartschaligkeit und dadurch Keimverzug an frischen gelben Lupinensamen hergestellt habe. Aber diese sind nicht dasselbe wie die Charlottenhöfer Lupinen, vielleicht sollte ich besser sagen, *noch* nicht dasselbe. Sie haben heute, nachdem sie schon 12 Jahre im Keimverzug verharren, noch nicht die blanke, wie geschliffen aussehende Schale und noch nicht die Härte der letzteren, ebensowenig die hervorragende Immunität gegen die beiden großen Urinfektionen der Samen, Fäulnis und Schimmelung. Ich beschrieb an der genannten Stelle, daß die Charlottenhöfer Ur-

---

[1] Über Keimverzug und seine Bedeutung nach Versuchen an Samen der gelben Lupine. Angew. Bot. **7**, H. 6 (1925).

sprungssamen im Fließpapierversuch keimen, ohne zu schimmeln oder zu faulen, selbst wenn zahlreiche schimmelnde und faulende Lupinenbohnenleichen das Papier bedecken und verfärben. Auch die jungen Pflänzchen werden nicht vom Schimmel befallen. Nun machte ich am 22. Juli 1935 folgenden Keimversuch: 3 Charlottenhöfer Lupinenbohnen, die damals 66 Jahre im natürlichen Keimverzug verharrt hatten, wurden von mir auf solch einem schwer infizierten Fließpapier angesetzt. Auf dasselbe Papier setzte ich zu gleicher Zeit 3 Samen an, die ich 10½ Jahr früher künstlich in Keimverzug gebracht hatte. Alle Samen wurden angeritzt, keimten darauf sämtlich schon nach 24 Stunden. Die letzteren schimmelten bereits am zweiten Tage, die ersteren blieben bis zum 29. Juli 1935, wo der Keimversuch abgebrochen wurde, ohne jeden Schimmel und waren vollständig gesund. Dagegen waren von den 3 Früchten, die ich künstlich in Keimverzug gesetzt hatte, zwei völlig verfault, die dritte lebte noch mit kümmerlichem Keim. Am 29. Juli wurden die vier überlebenden Pflänzchen in Töpfe gesetzt. Das verschimmelte entwickelte sich noch über Erwarten gut und überwand die Infektion. Es hielt im Wachstum mit den 3 Charlottenhöfer Pflanzen vollkommen Schritt.

Ich glaube wohl, daß dieser Versuch, zusammengehalten mit meinen früheren Experimenten, beweiskräftig ist, wenn er auch an einer zu kleinen Zahl von Samen leidet, auf die ich mich beschränkte, um nicht kostbares Material zu verschwenden.

Es ist also doch wohl etwas anderes, ob die Natur ihre Samen in den Keimverzug setzt, oder ob der Laboratoriumsversuch dies tut. Es sei denn, daß die künstlich behandelten Samen die hohe Immunität der Charlottenhöfer noch nicht erreicht haben, weil der Keimverzug zu jung ist.

Die eben gemachten sowie die noch folgenden Ausführungen stehen und fallen natürlich mit der Richtigkeit und Zuverlässigkeit meiner Beobachtungen. Wie diese eingeschätzt werden, geht aus der Ablehnung meines Aufsatzes durch Fachleute hervor. Sie getrauen sich nicht einmal, die Verantwortung für die Veröffentlichung zu übernehmen. Ich aber stehe zu meinen Beobachtungen, obwohl ich weiß, daß ich meinen wissenschaftlichen Ruf dabei aufs Spiel setze. Ich halte eine Täuschung für gänzlich ausgeschlossen und bitte die Leser, meine in diesem Buche beschriebene wissenschaftliche Methodik nachzulesen und festzustellen, ob sie mir einen Fehler nachweisen können. Ich glaube, daß diese Methode vorsichtig und einwandfrei aufgebaut ist.

Es ist schade, daß in absehbarer Zeit eine gründliche Nachprüfung meiner Versuche wohl kaum anzustellen ist, denn es dürfte außerordentlich schwer sein, ein ähnliches günstiges Saatgut, wie es mir in die Hand fiel, zu bekommen.

Ich bin deshalb von Anfang an bestrebt gewesen, ein solches Saatgut mir künstlich zu verschaffen, und habe schon im Jahre 1925[1] Lupinensamen künstlich in Keimverzug versetzt. Ich habe von 1925 bis 1938 sehr zahlreiche Versuche angestellt, um aus diesen Samen Transmutanten zu erzeugen. Das ist mir nicht gelungen. Außerdem habe ich versucht, den Samen von allerlei Getreidesorten in Ähren aufzubewahren, weil ich aus gewissen Beobachtungen glaubte annehmen zu können, daß diese Art der Aufbewahrung den Früchten ihre Keimfähigkeit erhielte[2] und ich so einen ähnlichen zur Transmutation geeigneten Samen mir verschaffen könnte, wie ihn die Charlottenhöfer Lupinen darstellten. Leider haben mir Mäuse, Vögel und andere Schädlinge fast alles zerstört. Übriggeblieben ist unter anderem hauptsächlich ein größerer Posten Sommerweizen aus der Ernte 1930, der aber, wie es nach Fließpapierversuchen scheint, trotz Aufbewahrung in den Ähren jetzt nach 8 Jahren bereits seine Keimfähigkeit eingebüßt hat.

So sind wir denn für die Nachprüfung auf den Rest meiner Charlottenhöfer Lupinensamen — im ganzen 6639 Stück — angewiesen, und diese sind außerdem kein so einwandfreies Saatgut mehr wie das von mir verwandte, weil die besten Samen bereits ausgelesen und zu meinen Versuchen verbraucht wurden.

---

[1] Siehe A. Bier: Über Keimverzug und seine Bedeutung nach Versuchen an Samen der gelben Lupine. Angew. Bot., 7, H. 6, 344, 18. Versuch und 345, 20. Versuch (1925).

[2] Siehe A. Bier: Über Keimverzug und seine Bedeutung nach Versuchen an Samen der gelben Lupine. Angew. Bot., 7, H. 6, 353 (1925).

Eine weitere Schwierigkeit besteht darin, daß aus zahlreichen in langen Keimverzug befindlichen Samenkörnern der gelben Lupine immer nur wenige Transmutanten entstehen. Habe ich doch 14 Jahre gebraucht, um 3 Transmutanten von Lupinus polyphyllus und 5 von Lupinus angustifolius zu erhalten, die von Anfang bis zu Ende durchuntersucht werden konnten, wobei allerdings noch mehrere andere entstanden, die vorzeitig zugrunde gingen. Bei dieser Sachlage steht es nicht einmal fest, daß der Rest meiner Charlottenhöfer Lupinensamen noch weitere Transmutanten erzeugt. Allerdings würde ja eine einzige einwandfrei festgestellte genügen, um meine Behauptungen zu beweisen.

Da diese Versuche außerordentlich langwierig sind, ich schon ein Alter von 77 Jahren erreicht habe und ich es auch für besser halte, wenn von anderer Seite meine Versuche, soweit es angeht, nachgeprüft werden, bat ich den Direktor des Kaiser Wilhelm-Institutes für Züchtungsforschung in Müncheberg, W. Rudorf, mit dem mir noch verbliebenen Saatgut die Versuche fortzusetzen. Rudorf war so freundlich, mir dies zuzusagen, wofür ich ihm auch hier meinen besten Dank abstatte. Sein Assistent, Dr. Hackbarth, hat bereits in diesem Jahre mit den Versuchen begonnen und wird sie fortsetzen.

Ich überlieferte dem Institut im wesentlichen

1. den Rest meiner Charlottenhöfer Lupinen;
2. 26 Lupinensamen, die ich im Jahre 1925 künstlich in Keimverzug versetzt hatte;
3. meine auf Seite 32 beschriebene Lupine, die gelb blühte und die unter 4 Früchten 2 blaue brachte. Ich bin aus äußeren Gründen nicht dazu gekommen, die Pflanze in diesem Jahre selbst zu Ende zu untersuchen;
4. Sommerweizen aus der Ernte 1930, dessen Keimfähigkeit, wie ich schon berichtete, zweifelhaft ist.

Es ist wohl sicher, daß die erwähnte Entdeckung Nawaschins, mit „alternden" Samen Mutationen hervorzurufen, zahlreiche Biologen beschäftigen wird. Ich nehme an, daß das auch meinen Transmutationen zugute kommt. Jedenfalls sollte man sorgfältig alle überliegenden Samen, die der Zufall oder das Experiment liefert, sammeln und nach dieser Richtung hin prüfen. Am meisten verspreche ich von der Untersuchung früherer Ackerböden, die aufgeforstet wurden. Es ist bekannt, daß der darauf entstehende Wald die Samen nicht nur von Lupinen, sondern auch von sehr zahlreichen „Unkräutern“ in langen Keimverzug versetzt, und daß nach der Abholzung diese Kräuter nach langen Jahren wieder auflaufen. Auch bei der Abtragung alter Aufschüttungen könnte man vielleicht solchen Samen gewinnen. Es gibt eine — freilich geringe — Erfahrung darüber, daß auch in solchen zahlreiche in Keimverzug verharrende Samen sich befinden.

Wenn es sich bestätigen sollte, daß Transmutationen vorkommen, so würde unsere Biologie weitgehend umgestaltet werden müssen. Ich persönlich habe keinen Zweifel darüber, daß meine Transmutationen, die ich schon geraume Zeit vor Nawaschins Untersuchungen hervorbrachte, eine bedeutende Entdeckung darstellen.

3. Neue Ausführungen.

In den letzten Jahrzehnten haben mich unter anderen Fragen der Biologie auch solche der Vererbung beschäftigt, und zwar sowohl in Gedanken, Betrachtungen und einfachen Naturbeobachtungen als auch in sehr zahlreichen Experimenten. Die experimentellen Tatsachen, die im „Züchter“ veröffentlicht sind, habe ich wörtlich wiederholt. Ich füge hinzu, daß mir die Transmutation von Lupinus luteus in Lupinus polyphyllus lediglich im Gewächshause, niemals im Freilande gelungen ist. Die einmal entstandene Transmutante wuchs dann allerdings, ins Freiland versetzt, sehr gut weiter.

Ich gebe zu, daß die Transmutation für unsere heutigen Begriffe etwas sehr Unwahrscheinliches ist. Wollte man den selbstverständlich stark hinkenden Vergleich aus der Pflanzen- mit der Tier- und Menschenwelt ziehen, so wäre mein Erfolg nicht so zu werten, als hätte ich aus einem Neger einen Weißen, sondern aus einem Menschenaffen einen Menschen gemacht.

Gewiß ist dieser Erfolg überraschend und unwahrschein-

lich. Wir wollen versuchen, seinem Verständnis näher zu
kommen. Ich glaube, daß das mit meiner Grundeinstellung,
die von der landläufigen erheblich abweicht, möglich ist.

Ich füge zu der planmäßigen Natur*forschung* wieder die
Natur*philosophie*. Ja, ich lasse die letztere häufig voraus-
gehen, denn sie enthält große ewige Wahrheiten, die die
denkende Menschheit in Jahrtausenden gesammelt, gesichtet
und den Nachfahren vererbt hat, teils in dem Sinne, wie die
Eltern den Kindern Hab und Gut vererben, teils in der Art,
wie der Naturforscher die Vererbung auffaßt. Das philo-
sophische Verfahren wurde früher oft angewandt, heute ist
es so ungewöhnlich, daß man es begründen muß. Denn aus
den Naturwissenschaften hat man die Philosophie als über-
flüssig und schädlich hinausgeworfen.

Mit dieser Begründung beginne ich: Beim Nachsinnen über
die großen weltbewegenden Fragen stellte ich zu meinem
eigenen Erstaunen fest, daß diese, in ihrer ganzen Tragweite
erfaßt, durchdacht und vielfach gelöst waren, ehe es eine
exakte Naturforschung und Naturwissenschaft gab. Ja, ich
behaupte, daß kein einziger dieser großen Gedanken auf
Grund exakter naturwissenschaftlicher Studien gefaßt und
entwickelt ist. Die Naturwissenschaft hinkte erst hinterher,
sie begründete, was große weitausschauende Geister schon
längst ahnten oder wußten, wobei zwar die Natur*beobachtung*
vielleicht die entscheidende Rolle spielte, ganz gewiß aber
nicht die Natur*forschung*. So gab es das „Gesetz“ der Kausalität, der Atomistik, der Erhaltung von Stoff und vielleicht
auch von Kraft, lange bevor eine exakte Naturforschung da
war. Mit Bezug auf ähnliche große Fragen verweise ich auf
meine Abhandlung „Zeitlose Wahrheiten [1]“.

Selbstverständlich versucht unsere Naturwissenschaft, die
großen Denker, welche die Höhe der Erkenntnis erklommen,
für sich in Anspruch zu nehmen, indem sie sie zu Natur-
forschern zu machen sucht. Das ist eine völlig irrtümliche
und abwegige Ansicht, gegen die ich schon verschiedene Male
Stellung genommen habe, so u. a. in einer ausführlichen Ab-

---

[1] B i e r , A.: Gedanken eines Arztes über die Medizin, IV., 3, Münch.
med. Wschr. **1927**, Nr 17 und 18.

handlung[1] gegen den Versuch, den größten Arzt aller Zeiten, Hippokrates, zu einem Naturforscher zu stempeln.

Über Demokritos, den unsere Physiker als Fachgenossen in Anspruch nehmen möchten, habe ich in meinem Vortrage „Grundsätzliches zur Heilkunde" 1928 auf der Naturforscherversammlung in Hamburg gesagt: „Wenn ich hier Demokritos heute könnte erscheinen lassen und ein Physiker redete ihn an mit den Worten: ‚Lieber Kollege Demokritos, was wäre unser Fach ohne dich? Du hast ihm das Gesetz der Kausalität, die Erhaltung des Stoffes und die Atomistik, also die Grundlagen unserer Wissenschaft, geschenkt. Was mußt du für Forschungen und wissenschaftliche Versuche angestellt haben, um zu diesen grundlegenden Erkenntnissen zu kommen‘, so würde er wohl sagen: ‚Mit euch will ich nichts zu tun haben, denn so töricht, die Welt nur durch *ein* Loch zu betrachten, waren wir Hellenen selbst in Abdera nicht, woher ich stamme. Habt ihr doch mein Haupterkenntnismittel, die Naturphilosophie, nicht genug schmähen und verachten können.‘ "

Was Demokritos für die Physiker, ist Herakleitos für die Biologen. Er hat, wie ich schon oft auseinandergesetzt habe, den Arzt Hippokrates und seine Schule aufs tiefste beeinflußt.

Es ist mir nicht möglich, beider Lehren und den Zusammenhang derselben hier ausführlich zu schildern. Ganz kurz zusammengefaßt habe ich die Hauptsachen in meinem Aufsatze: „Rudolf Virchow als Systematiker und Philosoph[2]", auf den ich verweise. Jetzt beschränke ich mich auf das zum Verständnis Allernotwendigste. Im Logos, der nicht ohne weiteres zu übersetzen ist — wir wollen ihn einmal als Weltvernunft verdeutschen —, sehe ich die Weltanschauung des Herakleitos. Sie kehrt bei Hippokrates wieder als die Physis. Dieses Wort, ebenso unübersetzbar wie Logos, wird gewöhnlich verdeutscht mit „Natur". Sie ist bei Hippokrates in erster Linie die das Leben erweckende, vernünftig

---

[1] Bier, A.: „Hippokratische Studien" in Quellen und Studien zur Geschichte der Naturwissenschaften und der Medizin Bd. 3, Berlin 1932.

[2] Virchows Arch., **300**, H. 3 (1937).

leitende und die Krankheiten heilende Kraft, nach meiner
Definition dasselbe wie die Seele[1]. Sie ist nicht der Logos
selbst, aber sie strebt zu ihm hin und verwirklicht ihn.
Physis und Seele irren sich häufig, obwohl sie zielstrebig
handeln.

Der Logos aber, den Herakleitos den „ewig Seienden"
nennt, ist die absolute Weltvernunft. Alles andere fließt bei
ihm bekanntlich, d. h. alles ist ewiges Werden und Vergehen,
nichts, außer dem Logos, besteht auf die Dauer.

Weltanschauungen bestimmen die ganze geistige Richtung
auch in den Wissenschaften, aber in der Einzelforschung haben
sich der weltanschauliche Logos und die weltanschauende
Physis nicht immer als ausschlaggebend erwiesen. Es hat zu
allen Zeiten Menschen gegeben, die eine Weltvernunft und
eine Naturheilkraft annahmen, und solche, die beide leugneten. Vielfach hing es von Zeit- und Modeströmungen ab,
welche Ansicht vorherrschte. Die beiden großen wissenschaftlichen Weltanschauungen, um die es sich immer wieder handelt, sind die teleologische, die in allem den Logos, und die
mechanistische, die in allem das Walten blinder Naturgesetze
sieht.

Als Beispiel für die Unzulänglichkeit dieser beiden großen
Weltanschauungen, wissenschaftliche Fragen zu entscheiden,
habe ich die Entzündung[2] angeführt, die neben dem Fieber
allgemeinste und urwüchsigste Krankheitserscheinung. Sie ist
so auffallend, daß sie weder Kranken, noch Ärzten, noch un-
beteiligten Laien entgehen kann. Und doch streitet man sich,
solange es eine wissenschaftliche Medizin gibt, d. h. seit mehr
als 2000 Jahren, ob diese Entzündung die Krankheit oder die
Abwehr der Krankheit bedeutet. Die Hippokratiker nahmen
natürlich das letztere an, konnten es aber so wenig beweisen,
daß sie der Gegenseite schwächliche Zugeständnisse machen
mußten. Gingen sie doch so weit, die Entzündung als Werk
der Physis, d. h. als Abwehrvorrichtung, anzusehen, sie aber
praktisch zu bekämpfen, weil angeblich die ärztliche Behand-

---

[1] Bier, A.: Beiträge zur Heilkunde, Münch. med. Wschr. **1931**, Nr 9
und Nr 10, Nr 12 und Nr 13, Nr 22 und Nr 23.
[2] Vgl. A. Bier: Die Entzündung, Arch. klin. Chir. **176**. (1934).

lung die Richtigkeit dieses Standpunktes bewiesen hätte, was ich für einen Irrtum halte.

Noch weniger hat die andere Seite zur Klärung des Entzündungsvorganges entscheidend beigetragen.

Die Wissenschaft hat also, um Erkenntnisse zu machen, noch andere Mittel nötig. Sie schafft sich vor allem große allgemeine Leitsätze, die sowohl der Erfahrung als auch dem Nachdenken entnommen sind, und fügt diese zu Systemen zusammen. Solche Systeme hat man in großer Anzahl aufgestellt. Es ist mir zweifelhaft, ob es ein einziges gibt, das wahr ist. Darauf kommt es aber auch gar nicht an, sondern nur darauf, ob sie sich fruchtbar erweisen. Solange das letztere der Fall ist, sind sie gut. Sobald sie aber erschöpft und abgedroschen sind, werden sie unbrauchbar und müssen durch andere ersetzt werden, die gewöhnlich entgegengesetzter Natur sind. Die Vertreter der letzteren fallen dann mit sittlicher Entrüstung über die Torheit ihrer Vorgänger her, glauben den Stein der Weisen gefunden zu haben und denken nicht daran, daß auch ihr System einmal dasselbe Schicksal erreicht.

Als das oberste und allgemeinste wissenschaftliche System wird man vielleicht das logische anerkennen, das keine Wissenschaft entbehren kann. Ihm füge ich als gleichwertig ein anderes hinzu, das ich das harmonische genannt habe. Es stützt sich auf einen der Hauptsätze der heraklitischen Lehre, der dem Sinne nach sich in die Worte zusammenfassen läßt: Die Gegensätze fügen sich zur Harmonie. Auch das logische und das harmonische System sind Antagonisten, auf die ich noch komme. Nach dem ersteren schließen sich Gegensätze aus, nach dem letzteren bedingen sie sich und führen zur Harmonie. Auch die Vererbung wollen wir einmal unter dem Gesichtswinkel des harmonischen Systems betrachten, was meines Wissens noch von niemandem bisher geschehen ist. Ich habe es schon oft in diesem Sinne gebraucht und will es hier wiederholen:

1. Noch vor 25 Jahren kämpften Mendelisten und Darwinisten heftig miteinander, und besonders die ersteren beschuldigten die letzteren der Irrlehre. Auf diese Doktrinäre wende ich mein harmonisches System an: Im Menschen finden wir die

beiden Gegensätze Beharrlichkeit und Veränderlichkeit. Das Beharrliche ist dasjenige, was wir heute fälschlich Vererbung nennen und daraus einen Widerspruch schaffen gegen das Veränderliche. Das erstere findet seinen Ausdruck im Mendelismus, das letztere im Darwinismus. Vererbt ist aber nicht nur die Beständigkeit, sondern ebensogut die Veränderlichkeit. Von beiden Erscheinungen fällt die erstere, das anscheinend Bleibende, mehr in die Augen. Die letztere spielt sich langsam und in der Regel unbemerkt ab. Außerdem ist jene das anscheinend Gesetz- oder, besser gesagt, das Regelmäßige, dieses das anscheinend Unstete, Zufällige, Willkürliche. Die genauere Betrachtung aber zeigt uns, daß das Veränderliche in Wirklichkeit das Bleibende ist, denn im Laufe gewaltiger Zeiträume sterben die alten Arten aus und neue treten an ihre Stelle. Das Alte verschwindet, aber das ewige Werden und Vergehen bleibt. Das Verharren auf dem alten Zustande ist nur Täuschung unserer Sinne und unseres Verstandes. Herakleitos drückt dies mit den zwei Worten aus: „Alles fließt." Da nun Beständigkeit und Veränderlichkeit sich zu einer Einheit zusammenfügen und erst vereint Sinn ergeben, so ist es töricht, Mendelist *oder* Darwinist zu sein. Beide gehören zusammen, anscheinend Gegensätze und Zweiheiten, sind sie in Wirklichkeit Harmonie und Einheit. Nur ganz allmählich dämmert es hier der Wissenschaft, und es wird wohl noch lange dauern, bis sie sich zu dieser einfachen Wahrheit bekehrt. Immerhin ist es ein gutes Zeichen, daß Darwinisten und Mendelisten nicht mehr so erbittert miteinander raufen wir noch vor etwa 2—3 Jahrzehnten. Ich habe damals meinen Studenten die Sache folgendermaßen dargestellt: „Kümmert euch nicht um diesen unfruchtbaren Gelehrtenstreit. Ich mache euch die Angelegenheit in einem Satz klar. Hättet ihr nicht die sogenannte Vererbung, d. h. das relativ Bleibende und immer Wiederkehrende, so lebtet ihr keine Woche, hättet ihr nicht die Veränderlichkeit, das ewig Wechselnde und Anpassungsfähige, so lebtet ihr keine 7 Tage; das ist der ganze Unterschied."

Hoch erhebt sich hier das harmonische über zwei beschränkte und auseinanderstrebende Systeme, das mendeli-

44

stische und das darwinistische[1], die, und zwar besonders das letztere, manchem einseitigen Geiste als Weltanschauung genügen und ihn veranlassen, die Welt schief anzusehen.

Die beiden großen Gegensätze Veränderlichkeit und Beständigkeit finden wir auch in den Mendelschen Regeln bei der Rassenkreuzung wieder. Die Mischung der Rassen führt zur Veränderlichkeit, die Entmischung zur Beständigkeit.

Die antike Philosophie verlangte, daß die Gegensätze *richtig* gemischt werden. Herakleitos betont dies weniger, um so mehr aber der Arzt Hippokrates mit seiner Krasenlehre (Mischungslehre). Die gute Mischung (Eukrasia) von vier Kardinalsäften und „10 000 anderen Dingen" bedeutete die Gesundheit, die schlechte Mischung (Dyskrasia) die Krankheit. Ich habe an anderen Stellen auseinandergesetzt, daß aus einem großen Mißverständnis heraus diese Lehre gestürzt wurde, woran sich der große R. Virchow entscheidend beteiligte. Die heraklitisch-hippokratische Krasenlehre ist damit angeblich endgültig erledigt. Ich behaupte das Gegenteil. Wer die Augen aufmacht, der sieht sie überall in der lebendigen und, ich füge hinzu, auch in der nichtlebendigen Natur bestätigt. In meinem harmonischen System ist sie unentbehrlich.

2. Ein treffliches Beispiel für die richtige Mischung, das ich auch schon oft gebraucht habe, ist die geschlechtliche Fortpflanzung. Um die Art zu erhalten, mischen sich Mann und Frau, die uns als Gegensätze erscheinen. Aber die Mischung erfolgt nicht zwischen *beliebigen* Lebewesen, sondern nur zwischen solchen derselben oder nahe verwandter Arten. So wird dem Chaos vorgebeugt. Schon nahe verwandte Arten ergeben durchgehends schlechte Mischungen, ja sogar die Rassen *derselben* Art. Windhund mit Windhund, Teckel mit Teckel gemischt, liefern beide edle Hunde (gute Mischung), Windhund mit Teckel gemischt, Fixköter (schlechte Mischung).

Um den gewaltigen Gedankenaufbau, zu dem das harmonische System hinstrebt, zu zeigen, will ich noch ein drittes

---

[1] Ich wähle diesen Ausdruck der Kürze halber. Ich sollte sagen das lamarckistisch-darwinistische.

Beispiel hinzufügen und mich auf diese drei beschränken. Ich könnte tausend aufzählen, würde aber dadurch das Verständnis mehr verwirren als fördern:

3. Unendlich vielseitig sind die Arten der Befruchtung, die männliche und weibliche Keime zusammenführen und mischen. Ebenso vielseitig die Liebesspiele. Und doch dienen sie alle einem einzigen Zweck, der Erhaltung der Art. Während wir in den äußeren Erscheinungen überall Mannigfaltigkeiten, Verschiedenheiten und als entfernteste Punkte der letzteren Gegensätze erkennen, ist das innere Ziel überall dasselbe. Man kann auch sagen, unendlich zahlreich und mannigfaltig sind die Erscheinungen dieser Welt. Sie sind in bunte Farben gekleidet und mit allerlei Zutaten und Zierarten angetan, die ihren Sinn oft verhüllen, aber wenig in der Zahl, einfach und streng sind Regeln und Gesetze, unter die jene fallen.

Die beiden Urkräfte der Welt, Anziehung und Abstoßung, kannte man schon lange, ehe man etwas von Polarität und Schwerkraft wußte. Sie spielten in der antiken Medizin in Form der Attraktionstheorie eine große Rolle. Ich habe im Jahre 1897 und 98 [1] diese vergessene und verachtete Theorie für den Blutkreislauf wieder zu beleben versucht.

Auf die Vererbung läßt sie sich ohne weiteres ausdehnen. Mit unwiderstehlicher Gewalt ziehen sich die beiden Geschlechter derselben Art, wenn man will, ausgesprochene Gegensätze, an, um sich zu mischen, die fremder Arten verhalten sich gleichgültig gegeneinander oder stoßen sich sogar ab. Dasselbe gilt für Ei und Samenfaden.

In unseren drei Beispielen erkennen wir ohne Mühe als Regel den heraklitischen Logos, die hippokratische Physis. Im ersten Beispiel ist das oberste Ziel Erhaltung des Einzelwesens *und* der Art, im zweiten und dritten Beispiele die Erhaltung der Art, die ja in der ganzen Natur hoch über der des Einzelwesens steht. Hier sind Logos und Physis klar gegeben, und zwar im wesentlichen schon durch die Anschauung, so daß es keines weiteren Nachdenkens bedarf. Es wäre schade, wenn man viele Worte darüber verlieren wollte, zumal, wie ich

---

[1] Bier, A.: Entstehung des Kollateralkreislaufes, Virchows Arch. **147**, 256, **153**, 307 und 434.

auch hier wieder betone, solche Begriffe durchaus nicht die Gelehrsamkeit vertragen.

Aber der menschliche Geist gibt sich hiermit nicht zufrieden. Er fragt weiter danach, ob der Mensch, unsere Erde, das Weltall überhaupt Sinn und Zweck habe oder ob es besser gar nicht da wäre. Diese Fragestellung geht uns hier nichts an, wir wollen sie der Metaphysik und den Religionen überlassen. Wir stellen nur fest: Überall in der lebendigen Natur steckt Sinn, Vernunft und Ziel. Dieses Ziel ist in unserem Falle die Erhaltung der Art und des Einzelwesens. Ihm dienen alle physiologischen und mindestens ein sehr großer Teil der sogenannten pathologischen Handlungen des Lebendigen. Deshalb sehen wir auch überall die größte Mannigfaltigkeit. Niemals wird ein so hoher Zweck wie dieser in der Natur durch *ein* Mittel erreicht. Stets wendet sie *zahlreiche* an. Vielleicht kann man sagen *alle*, die ihr unter den obwaltenden Verhältnissen zu Gebote stehen.

Wir sind gleich auf das höchste Endziel des Lebendigen, das wir klar erkennen können, die Erhaltung der Art und des Einzelwesens, losgesteuert. Der Heraklitismus aber betrachtet und denkt in Gegensätzen, die wir auch hier wieder ohne Mühe finden. Es ist nicht minder richtig zu sagen: Alles strebt auf *ein* Ziel hin, als umgekehrt zu behaupten, kein Werkzeug und keine Tätigkeit eines Lebewesens dient nur einem einzigen Zwecke. Mein oft gebrauchtes Beispiel dafür ist der Knochen. Für den oberflächlichen Beobachter hat er lediglich die mechanische Bedeutung, das Körpergewicht zu tragen und Muskelspannungen auszuhalten. Er enthält aber im Innern das Mark mit seinen vielseitigen Zwecken, von denen ich nur Blutbildung und Infektionsbekämpfung nenne. Brauche ich aber zu erwähnen, daß alle diese Einzelzwecke letzten Endes doch nur zu dem großen Hauptziel des Lebendigen hinstreben?

Vor allem fügen sich in der Mannigfaltigkeit der Erscheinungen erst die Gegensätze zur Harmonie. Das beste Beispiel bieten im tierischen und menschlichen Körper die Antagonisten. Beuger und Strecker, ausgesprochene Gegensätze, geben erst zusammen Sinn. Fällt der eine aus, so wird der andere zwecklos oder gar schädlich. Was aber im Körper hätte nicht seinen Antagonisten! Noch eindrucksvoller als Muskeln oder Nerven zeigen uns die antagonistischen Ionen der Salze in den Körpersäften, daß erst die Gegensätze zusammen sich zur Harmonie fügen und dadurch Sinn bekommen. Jede Ionenart allein wirkt giftig. Erst ihr Antagonist hebt die Giftwirkung auf. Dabei müssen die beiden Ionenarten genau richtig miteinander gemischt sein. Überall finden wir: Richtig gemischte Gegensätze erzeugen Gesundheit, das Gegenteil Krankheit oder Tod. Wahrlich, man staunt über den Scharfsinn der altgriechischen Philosophen, die diese gewaltigen grundlegenden Wahrheiten so klar erkannten, lange ehe die exakte Naturforschung sie bestätigte. Es ist tatsächlich, als wäre eine Offenbarung über diese Männer gekommen. Die exakte Naturforschung hat erst nachträglich die Beweise dafür geliefert. In vielen Dingen, wie in der hippokratischen Krasenlehre, verhält sie sich sogar ablehnend, weil sie das naive Denken und Anschauen in Symbolen verloren hat. Warum zögert sie, die Folgerungen zu ziehen? Es ist kein Ruhm, Tatsachen in der Hand zu haben, deren Tragweite man nicht erkennt, zumal die hauptsächliche Geistesarbeit schon vor Jahrtausenden getan ist. Man braucht wirklich nur zuzugreifen und uralte verschüttete Weisheit wieder lebendig zu machen.

Antagonisten heißt wörtlich übersetzt Kämpfer gegeneinander. Das sind sie aber nur scheinbar, in Wirklichkeit arbeiten sie vereint zum Wohle des Ganzen und führen so zum Logos, wie in der Vererbung Beständigkeit und Veränderlichkeit, die ich natürlich auch zu den Antagonisten rechne, wo der eine erst durch den anderen Sinn bekommt.

Auf der anderen Seite hat Herakleitos selbst den wuchtigen Satz geprägt: „Krieg ist aller Dinge Vater, aller Dinge König" und damit dem Sinne nach die Darwinsche Selektionstheorie vorweggenommen. Hier herrscht wirklicher Kampf, in dem die Gegner, bewußt oder unbewußt, sich zu vernichten oder wenigstens zu übervorteilen suchen. Das führt zur Auslese der Besten und Stärksten. Die Darwinsche Selektionstheorie, die einmal die ganze Entwicklung der Arten beherrschen sollte, wird ja heftig angefeindet. Ich begreife nicht, wie man sie leugnen kann. Nach meiner Meinung bleibt sie eine ebenso grausame wie unerschütterliche Regel, die den Lauf und die Entwicklung der lebendigen Natur weitgehend mitbestimmt, und zwar auch in dem Sinne, daß der Mangel an Feinden die Gefahr der Entartung in sich birgt, die immer früher oder später zum Untergang führt. Um dies zu erkennen, brauche ich wahrhaftig keine Studien und keine geistreichen Überlegungen zu machen, sondern nur mit offenen Augen durch die freie Natur, insbesondere durch den Wald zu gehen. Dort erkenne ich überall den erbittertsten Kampf der Gegensätze. Daß diese Selektionstheorie für sich allein völlig ungenügend ist und, um Sinn zu bekommen, des Antagonisten und vieler anderer Gegensätze nötig hat, ist für mich eine Selbstverständlichkeit.

Ich vermeide es, in der üblichen Weise von polaren Gegensätzen zu sprechen, weil sie die ganze Frage zu sehr mechanisieren und vereinseitigen. Nicht vergessen dürfen wir indessen hier die rhythmischen Gegensätze, in denen sich alle Lebensvorgänge abspielen. Ich werde auf ihre Bedeutung für meine Transmutationen noch eingehen.

Sehen wir nunmehr zu, wieweit sich meine Beobachtungen an Transmutationen in das soeben Geschilderte einpassen.

1. Wir erkennen die D a r w i n sche Auslese. Die Lupinensamen, mit denen ich in den Jahren 1924—1938 Versuche anstellte, hatten einen Keimverzug bzw. ein Alter von 55 bis 68 Jahren. In dieser Zeit war im Erdboden alles Minderwertige vernichtet, das Hochwertige aber erhalten, denn die Früchte erwiesen sich, wenigstens im Anfange, zu 100% keimfähig, hatten eine doppelt so hohe Keimenergie wie die besten ausgewählten frischen, und die daraus entstehenden Keimlinge waren in hohem Grade immun gegen Schimmelung und Fäulnis. Die Samen stellten also eine erstklassige Auslese dar[1]. Freilich variieren die Nachkommen meiner Charlottenhöfer Ursprungssaat im Jahre 1931 auf dem sogenannten „Chaosfeld" scheinbar ziellos. Darunter fanden sich auch

---

[1] Vgl. A. B i e r, Über Keimverzug und seine Bedeutung nach Versuchen an Samen der gelben Lupine. Angew. Bot. 7, H. 6 (1925).

allerlei krankhafte Veränderungen, wie man sie ähnlich bei experimentell erzeugten Mutanten kennt, nämlich Anfälligkeit gegen allerlei Infektionen, unfruchtbare Blüten, Spätreife der Samen, Langlebigkeit der einzelnen Pflanzen, Panaschierungen, Ikterus, Chlorophyllmangel, Riesen und Zwerge. Aber keine dieser Veränderungen war erbfest. Sie verschwanden sämtlich schon in der nächsten Absaat. Merkwürdigerweise habe ich eine ähnliche Mannigfaltigkeit bei meinen Versuchen nie wieder erlebt.

2. Ein Teil der Samen durchbrach die Mendelschen Regeln vollkommen. Es herrschte also bei ihnen von den beiden Gegensätzen der Vererbung, Beständigkeit und Veränderlichkeit, in äußerst betonter Weise die letztere vor.

3. Die Darwinsche Selektionstheorie arbeitet mit ganz allmählichen Veränderungen der Lebewesen und rechnet bis zur natürlichen Entstehung neuer Arten mit Jahrtausenden und Jahrmillionen. Daß aber die allmähliche Umwandlung in eine neue *Art* auch schon nach wenigen Jahrhunderten eintreten kann, lassen die Erfahrungen, die man mit den im zweiten Teil dieser Arbeit beschriebenen Porto Santo-Kaninchen gemacht hat, vermuten. Daß erbfeste *Rassen* in weit kürzerer Zeit sich künstlich erzielen lassen, und zwar im wesentlichen unter Zuhilfenahme der Selektion, ist bekannt.

Demgegenüber steht de Vries' Lehre von der Mutation. Es ist aber bisher noch keine Mutation bekanntgeworden, die sprunghaft zu einer neuen Art geführt hätte. Es sind meist nur belanglose Eigenschaften oder häufiger sogar noch Verluste von erbfesten Kennzeichen (Verlustmutationen), die man beobachtet hat. Ganz anders meine *Transmutationen!* Sie stellen ausgesprochen sprunghafte *Verwandlungen* in eine wohldefinierte Art dar, die sofort oder nach kurzem Hin- und Herschwanken auftritt und sich dann nach jeder Richtung hin gesund, dauerfähig und erbfest erweist.

Selbstverständlich braucht die sprunghafte Entwicklung die allmähliche nicht nur nicht auszuschließen, sondern beide sind mir, dem Heraklitiker, als zur Harmonie führend an sich wahrscheinlich.

4. Ein weiteres Gegensatzpaar läßt sich nachweisen in der

zufälligen und der zielstrebigen Veränderung. Bisher kannte man das zielstrebige Werden nur in der Ontogenie. In jedem Embryo liegt das unverrückbare Ziel, ein in sich vollkommenes Wesen *derselben* Art oder Rasse zu werden, der seine Eltern angehörten. Aus der Eichel wird immer nur eine Eiche, aus dem befruchteten Menschenei immer nur ein Mensch. (Die Entelecheia [auf deutsch: das das Ziel in sich Haben] des Aristoteles.) In der Transmutation erkennen wir diese Zielstrebigkeit auch in der Phylogenie. Bei der grundstürzenden Umänderung, die unsere gelbe Lupine dabei erfährt, entsteht nicht irgendein chaotisches Ungeheuer, sondern immer wieder eine Lupine, und zwar eine schon bekannte wohldefinierte Art, die ihre Daseinsbefähigung und Dauerhaftigkeit bewiesen hat, also in ihrer Weise vollkommen ist. Ich denke bei der Transmutation der Pflanzen an ähnliche Erscheinungen, die man bei der Verwandlung der Elemente erlebte. Die letzteren, die man als „Arten der Materie" bezeichnen könnte, galten auch einmal als beständig und unveränderlich, wie die Arten der Lebewesen. Jetzt kann man die Elemente ineinander überführen wie ich meine Pflanzen, und zwar entsteht auch dabei nicht irgend etwas, sondern jäh wird das eine Element in ein anderes schon bestehendes und wohldefiniertes umgewandelt. Auch darin haben beide Arten der Transmutation Ähnlichkeit, daß es einstweilen noch sehr schwierig ist, Element in Element und Art in Art umzuwandeln. Beides ist nur durch mehr oder weniger gewaltsame Mittel zu erreichen. Daneben läuft die natürliche Umwandlung der Elemente, die ebenfalls wie die der Arten der Lebewesen allmählich erfolgt, so allmählich, daß wir, von unserem menschlichen Standpunkte aus gesehen, Elemente wie Arten als beständig auffassen dürfen.

Meine Transmutationen liefern auch das Verständnis für das in der Entwicklungslehre von den Darwinisten so schmerzlich vermißte Fehlen der Zwischenglieder. Das ist ganz natürlich da, wo die Veränderung der Arten durch Transmutation plötzlich und nicht langsam und stetig in ungeheuren Zeiträumen abläuft.

Ich will keineswegs bestreiten, daß sich durch Transmutation auch einmal neue, noch nicht da gewesene Arten oder

Elemente entwickeln könnten, die auch dem Ziel einer sinn-
vollen Bildung entsprächen.

Es liegt nahe anzunehmen, daß auch der Samen der Urform aller Lupinenarten einen ähnlichen Weg gegangen ist
wie meine Transmutationen und sprunghaft aus sich heraus
die zahlreichen Lupinenarten hervorgebracht hat, die wir
kennen. Des ursprünglichen Vermögens dieser Urform, ohne
Schwanken ganz bestimmte Arten zu bilden, erinnerten sich
auch im langen Keimverzug meine Früchte der gelben Lupine. Sollte dieses Zielstrebige in der Phylogenie nicht auch
etwas Gesetzmäßiges sein?

Übrigens erkenne ich darin, daß *dieselben* natürlichen Mutationen, wie Schlitzblättrigkeit, Pyramiden- und Trauerform
bei den verschiedensten Pflanzenarten auftreten, ebenfalls eine
gewisse Zielstrebigkeit.

Es ist bemerkenswert, daß die Umformung der Art in
meinen Transmutationen nicht am Keimplasma angreift, sondern am Samenkorn, also am Embryo, d. h. an einem Organismus, der in der Entwicklung schon erheblich vorgeschritten
ist. Wie die Umformung des Embryos vor sich geht, wissen
wir nicht. Daß die Natur solche Kunststücke der Umwandlung ohne weiteres fertig bringt, sehen wir in der Metamorphose der Insekten. Es erscheint mir wunderbarer, daß aus
einer Raupe ein Schmetterling, als aus einer gelben Lupine
eine blaue wird. Bemerkenswert ist, daß beide Umwand-
wandlungen durch eine Zeit der Ruhe und des Stillstandes,
die beim Insekt der Puppenzustand, bei unserer Lupine der
jahrzehntelange Keimverzug darstellt, hervorgebracht werden.

Es liegt mir fern, meine Transmutationen erklären zu
wollen, wohl aber will ich Vermutungen aufstellen, auf welche
Weise sie erzielt werden. Künstliche Mutationen hat man
bisher hauptsächlich durch Verstümmelungen, Vergiftungen
und andere Mißhandlungen erreicht. Mit letzteren, besonders
durch Durst- und Hungerkuren, mit Einwirkungen zahlreicher
Pflanzensäfte auf die Samenkörner habe ich in früheren Zeiten mannigfaltige Versuche angestellt. Die Pflanzensäfte waren
Auszüge aus Blüten, Blättern, Stengeln, Wurzeln, Früchten
in verschiedenster Stärke, von homöopathischen Verdünnun-

gen an gerechnet, die an die Hochpotenzen herankamen, bis zu starken Konzentrationen. Außerdem habe ich schroffe Reize, wie Klima und Standortswechsel, Verwundungen und Verstümmelungen, Hitze und Kälte zu dem gleichen Zwecke angewandt. Wohl erzielte ich dadurch langsameres oder schnelleres Wachstum, aber keine in die Augen springende Mutationen oder gar Transmutationen. Die letzteren traten erst auf, als ich die naturgegebenen *Rhythmen*, die auf die gelbe Lupine wirken, beeinflußte. Ich erwähnte schon, daß alle Lebensvorgänge sich in Rhythmen, die Gegensätze darstellen, abspielen. Für die Rhythmen sind die Tätigkeit des Herzens mit seiner Zusammenziehung und Ausdehnung, die Einatmung und Ausatmung, Ruhe und Arbeit, Wachen und Schlafen ebenso klassische Beispiele wie für die zusammengespannten Gegensätze Schwerkraft und Fliehkraft in der Bewegung der Weltkörper, oder wie Beharrlichkeit und Veränderlichkeit in der Vererbung. Zudem wirken die rhythmischen Gegensätze der Außenwelt, Tag und Nacht, Sommer und Winter usw. auf die Lebewesen ein. Wie alles Leben, so verläuft auch das der gelben Lupine in solchen sich ewig wiederholenden Gegensätzen, und zwar ist dieser Rhythmos in ihrer Heimat, den Mittelmeerländern, der folgende: Alljährlich keimt, wächst und blüht sie, trägt Früchte und stirbt ab. Aus den ausgestreuten Samen entwickeln sich Pflanzen, die ewig denselben natürlichen Rhythmos durchmachen. Aus ihm wird die Pflanze durch den über ein halbes Jahrhundert dauernden Keimverzug schroff und jäh herausgerissen. Sie wird für Jahrzehnte in Scheintod versetzt, und doch wird ihr Leben um ebensoviel verlängert. Was kann nicht alles in dieser langen Zeit der scheinbaren Ruhe im Samenkorn vor sich gehen! Sie hat in meinen Transmutationen zu den grundlegendsten Veränderungen einer Art geführt, die bisher beobachtet sind.

Mir scheint, daß von den beiden Gegensätzen der Vererbung, der Beständigkeit und der Veränderlichkeit, der natürliche Rhythmos mehr die erstere, sein Fortfall mehr die letztere hervortreten läßt. Für diese Ansicht sprechen auch die häufigen Variationen und Mutationen bei der Domestikation der Pflanzen, Tiere und Menschen. Man reißt sie aus

dem natürlichen Rhythmos heraus, indem man sie in Treib-
häuser, Ställe und Häuser bringt, sie gleichmäßig ernährt,
die periodischen Brunftzeiten verändert usw.

Der Rhythmos wurde in seiner Bedeutung für die Lebensvorgänge schon im Altertum erkannt, von unserer neuzeitlich
naturalistischen Biologie vernachlässigt, nur von zwei Seiten
stark in den Vordergrund gestellt: 1. von W. Fließ[1]. Nach
ihm fluten und ebben alle Lebensvorgänge in Perioden von
28 und 23 genauen Tagen. Der Organismus besteht aus zwei
Anteilen, einem männlichen und einem weiblichen, die in
wechselndem Verhältänis in jedem Einzelwesen gemischt sind.
Der 28 tägige Rhythmos, entsprechend der weiblichen Regel,
kommt dem weiblichen Anteil, der 23 tägige dem männlichen
zu, Ausgang und Endpunkt dieses periodischen Geschehens
sind Geburt und Tod. Dieser Rhythmos beschränkt sich nicht
auf das Einzelwesen, sondern gilt für alle Blutsverwandte über
viele Geschlechter.

Über die Zulässigkeit der zahlreichen Berechnungen
Fließ', die von fachmännischer Seite stark bestritten wird,
kann ich wegen meiner mangelhaften mathematischen Be-
gabung nicht urteilen, vom ärztlichen Standpunkt aus ver-
mag ich Fließ trotz zahlreicher interessanter Beobachtungen
nicht zu folgen. Ich muß mich deshalb dagegen wehren, daß
ich von seinen Anhängern als Kronzeuge für die Richtigkeit
seiner Lehre angeführt werde.

2. Von R. Steiner[2], dem bekannten Anthroposophen.
1924, ein Jahr vor seinem Tode, entwickelte er in einem landwirtschaftlichen Lehrgange in Koberwitz bei Breslau seine
Gedanken über die Neugestaltung der Landwirtschaft. Dabei
betonte er die Abhängigkeit der Pflanzen von kosmischen Einflüssen, insbesondere von deren rhythmischen Ablauf. Die
Sternenwelt, und vor allem die verschiedenen Mondphasen,
wirken nach seiner Ansicht durch ihren Rhythmos stark auf
die Keimung, das Wachstum und die Reifung der Pflanzen.
Steiner entnahm hier vieles dem Volksglauben und bestätigte
uralte Bauernregeln.

---

[1] Fließ, W.: Zur Periodenlehre gesammelte Aufsätze, Jena 1925.
[2] Vgl. E. Bartsch, Die Not der Landwirtschaft. Als Manuskript gedruckt.

54

Beiläufig bemerke ich, daß Steiner zu dem „natürlichen" Dünger (Stallmist, Jauche, Kompost) Präparate von verschiedenen Heilpflanzen setzt, die in ähnlichen geringen Gaben, wie sie die Homöopathie verwendet, jene Dungstoffe wirksamer machen, und den „Organismus Ackerboden" als sogenannte „biologische Düngerpräparate" beleben sollen, vor allem auch durch Vermehrung der Zahl und der Tätigkeit der Bakterien. Dazu fügt Steiner noch Kiesellösungen, ebenfalls in starker Verdünnung, zum Bespritzen der Pflanzen. Diese Lösungen machen seiner Ansicht nach das Licht wirksamer.

Die landwirtschaftlichen Anhänger Steiners sind der Meinung, daß unser besonders durch künstlichen Dünger erkrankte Ackerboden durch seine Methoden gesunden werde.

Ich habe zu wenig Erfahrung in diesen Dingen, um darüber urteilen zu können, doch erscheint mir die Betonung der Wichtigkeit der kosmischen Rhythmen für die Pflanzenwelt sehr bemerkenswert, zumal dies ja für die Sonne nicht weiter bewiesen zu werden braucht.

So ist auch nicht zu verwundern, daß meine Transmutationen lediglich bei Anhängern Steiners Interesse erregt haben. Auf der Tagung der Gesellschaft für biologisch-dynamische Wirtschaftsweise im Dezember 1935 berichteten zwei Redner, J. Voegele und E. Pfeiffer, über Versuche, Transmutationen und Mutationen durch Unterbrechung des normalen Rhythmos künstlich herzustellen. Im Druck sind die Vorträge nicht erschienen.

Außerdem habe ich mit R. Steiner insofern Berührungspunkte, als ich die Wirkung kleiner (sogenannter homöopathischer) Dosen auf die Organismen anerkenne, und zwar nicht nur auf Menschen und Tiere im Sinne der Homöopathie, sondern auch auf Pflanzen. In meinem Walde lege ich großen Wert darauf. Ich mache schon seit reichlich 25 Jahren von dem Einfluß verschiedener Pflanzen aufeinander praktisch Gebrauch und habe dabei auch immer von „Imponderabilien" gesprochen[1], die dabei eine Rolle spielen. Heute braucht man

---

[1] Vgl. A. Bier, Der Wald in Sauen, „Der Deutsche Forstwirt", 1933 Nr 86—88.

darüber keine langen Ausführungen mehr zu machen, seitdem das botanische Schrifttum von Berichten über Pflanzenwuchsstoffe strotzt, welche noch in Verdünnungen wirken, die an die homöopathischen Hochpotenzen nahe herankommen[1].

Wie schnell ändern sich doch die Zeiten! Was in der Medizin und in den Naturwissenschaften noch vor 20 Jahren Humbug war, ist heute hohe Wissenschaft und wird binnen kurzem die große Mode werden.

Es lag mir daran, mein harmonisches System, das ich bereits praktisch in der Heilkunde auf Allo- und Homöopathie, auf innere Medizin, Chirurgie und Naturheilverfahren, im Walde auf Pflanzen, Tiere, Witterung, Klima, Boden, in der Naturwissenschaft auf Humoral- und Zellularphysiologie und -pathologie, in der Philosophie auf Teleologie und Mechanismus, auf Seele und Leib seit Jahrzehnten angewandt habe, auch den Erblichkeitsforschern näherzubringen, die meiner Meinung nach noch weit von dessen Verständnis entfernt sind. Dies geht schon daraus hervor, daß sie es für zu töricht halten, um mir die Spalten ihrer Blätter zu öffnen. Ich wollte, auf ihren Sonderfall angewandt, ihnen zeigen, daß der Kampf zwischen Mendelisten und Darwinisten, der einstmals tobte, ein Streit um Kaisers Bart war. Jeder der beiden feindlichen Parteien war im Unrecht in ihrer Einseitigkeit, im Recht wären sie gewesen, wenn sie auch das Wahre auf der Gegenseite anerkannt hätten. Jede vertrat *eine* Wahrheit, nicht *die* Wahrheit. So kamen beide aus der Halbheit nicht heraus.

Dabei liegt es mir fern, dem Spezialistentum, das sich hier, wie auf allen Gebieten der Wissenschaft und darüber hinaus, in allen menschlichen Betätigungen entwickelt hat, und das sich besonders in der Aufstellung begrenzter und beschränkter Systeme gefällt, seine Berechtigung abzusprechen. Wer die Einzeltatsachen, d. h. also die unzähligen Mannigfaltigkeiten, in denen die Natur in Erscheinung tritt, erforschen und er-

---

[1] Ich verweise auf folgende Bücher und Schriften: a) Molisch, H.: Der Einfluß einer Pflanze auf die andere. Allelopathie, Jena 1937. b) Boas, F.: Dynamische Botanik, München/Berlin 1937. c) Schlenker, G.: Die Wuchsstoffe der Pflanzen, München/Berlin 1937. d) Jost, L.: Über Wuchsstoffe. Z. Bot. **31**, 95 (1937). Vgl. auch: e) C. Fahrenkamp, Vom Aufbau und Abbau des Ledendigen, Stuttgart 1937.

gründen will, kurzum, wer die Analyse betreibt, der muß
sich beschränken, er muß übersehen, verschweigen und vergessen können, sonst versinkt er in dem Wust der Einzel-
erfahrungen und Einzelbeobachtungen. Wer dagegen die Synthese erstrebt, der wird nie das harmonische System entbehren
können, denn dies, das sogar die Gegensätze zu höheren
Einheiten und Ganzheiten zusammenfügt, führt von selbst zur
Synthese und läßt die mannigfaltigen äußeren Erscheinungen
gegen die wenigen Regeln und Gesetze, zu denen wir bei
immer weiterer Anwendung unseres harmonischen Systems
gelangen, verschwinden.

Auch Analytiker und Synthetiker bilden erst zusammen
eine Harmonie. Dazu glaube ich, daß auch sie einen periodischen Fruchtwechsel haben müssen, d. h. daß bald die einen,
bald die anderen vorherrschen sollen. Lange genug hat die
Analyse das Feld behauptet. Sie könnte nunmehr eine Weile
gegen die Synthese zurücktreten.

Noch etwas spricht für die Notwendigkeit der einseitigen
Spezialisten. Sie gehören oft zur Klasse der Dogmatiker, Doktrinäre, Propheten und bilden eine Art religiöser Sekte. Deshalb haben sie auch das Feuer und die Leidenschaft, die sie
in der Verfolgung ihrer beschränkten Ziele fördert und weiter-
führt. Wer sich davon überzeugen will, der lese einmal die
Propheten des Darwinismus. Naturgemäß bleiben sie bei Teil-
wahrheiten stehen, aber auch solche zu ergründen, kann eine
große Tat sein.

Seit Herakleitos und Hippokrates hat die Welt
selten harmonisch gedacht, am weitgehendsten noch Niko-
laus Cusanns (1401—1461), später Goethe, der überhaupt, ob bewußt oder unbewußt, weiß ich nicht, Heraklitiker
war. Aber selbst dieser freie Geist konnte sich in eigner Angelegenheit nicht zum harmonischen Denken aufschwingen,
wie sein erbitterter Kampf gegen Newton in der Farbenlehre
zeigt. Er hätte erkennen müssen, daß sie beide recht haben,
er von der physiologischen oder psychologischen, Newton
von der physikalischen Seite aus.

Auch heute noch halten die Besten das harmonische Denken
in Gegensätzen für unerlaubt. Als Beispiel führe ich den be-

rühmten Entdecker der Regeneration der Linse aus der Regenbogenhaut, G. Wolff, an. In Münch. med. Wschr. 1932, Nr. 10, sagt er in seiner Abhandlung „Was ist vom Darwinismus übriggeblieben?" von den Gebrüdern R. Hertwig, dem Zoologen, und O. Hertwig, dem Mediziner: „Wenn aber in Sachen der Abstammungslehre der eine dieser Forscher fast alles, der andere fast nichts auf Darwin zurückführt, so können doch nicht beide recht haben." Daß das selbstverständlich möglich ist, brauche ich nach dem Gesagten nicht nochmals zu begründen, will es aber durch ein einfaches Beispiel klarer machen: Wäre R. Hertwig Forstmann, O. Hertwig Landwirt gewesen, so hätte der erstere recht gehabt, wenn er von seinem spezialistischen Standpunkte das Wildschwein nur für nützlich, der letztere, wenn er es nur für schädlich erklärt hätte. Und doch sind Forst- und Landwirtschaft genau so verwandte Berufe wie diejenigen, die die beiden Brüder ausübten.

Vorläufig spiele ich offenbar unter den Erblichkeitsforschern dieselbe Rolle wie einst der Alchimist unter den Chemikern. Und doch haben auch hier bei genauerer Betrachtung beide Parteien recht und beide unrecht. Der Alchimist hatte recht darin, daß er die Überführung verschiedener Elemente ineinander für möglich hielt, nur war er auf falschem Wege mit seiner Methodik. Er versuchte auf chemische Weise sein Ziel zu erreichen, und das war unmöglich. Auf der anderen Seite hatten die Chemiker recht, wenn sie auf diese Unmöglichkeit hinwiesen, während sie im Unrecht waren, wenn sie die Veränderlichkeit ihrer Elemente überhaupt leugneten. Sie übersahen, daß es wirksamere Mittel gibt, dies zu bewerkstelligen, als chemische.

Recht behält auch hier wieder Herakleitos mit seiner Harmonie durch Gegensätze und seinem „Alles fließt" außer dem Logos, dem „ewig Seienden".

II. Teil. Besonderes.

Mir scheint die Gefahr zu drohen, daß die Vererbung, wie so viele andere biologische Streitfragen, zu sehr in die Laboratorien und in die statistischen Büros wandern und darüber alte praktische Erfahrungen und vernünftige Betrachtungen in den Hintergrund treten. Einige solche Erfahrungen will ich anführen.

1. Die negative Rassenauslese.

Man hört oft, sie sei ein kleines Mittel, von dem man nicht viel erwarten könne. Demgegenüber führe ich folgende Tatsache an: Der bedeutende Forstmann, Jäger und Naturbeobachter F. v. R a e s f e l d verwaltete als Oberförster die Waldungen der pommerschen Halbinsel Darß, welche nur nach Südwesten durch eine schmale Landzunge mit dem Festlande in Verbindung steht. v. R a e s f e l d fand dort bei seinem Dienstantritt „einen von altersher verrufenen Wildstand mit schlechten Körperformen und elenden Geweihen vor"[1]. Die dortigen Hirsche waren so entartet, daß man in ganz Pommern, wo es sonst recht starkes und edles Rotwild gab, einen schwachen, schlecht veranlagten Hirsch mit kümmerlicher Geweihbildung damals einen Darßbock nannte, was ich aus eigener Erfahrung weiß. Die Entartung des Rotwildes war im wesentlichen durch Gegenauslese geschehen. Selbstverständlich fehlt die natürliche Auslese fast ganz, weil sein Hauptfeind, das Großraubwild, völlig ausgerottet ist. Der Mensch ist neben strengen Wintern, die dem Rotwild in der schneearmen norddeutschen Tiefebene nicht viel anhaben können und neben Seuchen und parasitären Krankheiten, sein einziger Feind. Dieser aber trieb dadurch, daß er die stärksten Stücke und

---

[1] R a e s f e l d, F. v.: Das Rotwild, Aufl. 2, Berlin 1911, S. 326.

von den Hirschen die mit den besten Geweihen abschoß, dagegen die schwächsten und am schlechtesten veranlagten leben ließ, die schlimmste Gegenauslese, ähnlich wie die zivilisierte Menschheit an sich selbst. v. Raesfeld konnte durch richtige Auslese, die er „Hege mit der Büchse" nannte, in knapp 20 Jahren seine elenden und kümmerlichen Darßhirsche auf dieselbe Höhe bringen, wegen der das pommersche Rotwild rühmlichst bekannt ist. Entartung durch Inzucht, die man bei der schmalen Verbindung des Darßes mit dem Festlande und den dadurch erschwerten Wechsel des Wildes hätte annehmen können, kam nicht in Betracht, denn es fand keinerlei Blutauffrischung statt, die man für den Erfolg hätte bewerten müssen.

Allerdings suchte v. Raesfeld auch die Äsung seines Wildes zu verbessern. Ich weiß aber von ihm selbst, den ich früher alljährlich auf einer Jagd traf, daß ihm das nur unvollkommen gelungen war und er wenig Wert darauf legte.

Der Erfolg dieses einfachen und überzeugenden Versuches, der in der Jägerwelt allgemein bekannt und anerkannt ist, ist geeignet, uns hoffnungsfreudig zu stimmen. Er zeigt, daß künstliche Mittel, die die natürliche Auslese ersetzen — im wesentlichen die Ausmerze, die wir jetzt glücklicherweise auch beim Menschen treiben —, nicht nur wirksam sind, sondern sogar sehr schnell zum Ziele führen können, denn v. Raesfeld erreichte seinen Erfolg, wie ich schon bemerkte, in 20 Jahren.

Es scheint demnach doch, als ob eine heruntergewirtschaftete Rasse das Bestreben in sich hat, wieder hochzukommen und daß sie in dieser Beziehung schon durch anscheinend bescheidene Mittel sehr wirksam unterstützt wird.

Eine glänzende Bestätigung fand der vortreffliche Naturbeobachter v. Raesfeld durch die neue Jagdgesetzgebung, die das wahllose Abschießen des Rotwildes, und besonders der bestveranlagten Stücke, verhütet. Obwohl sie erst wenige Jahre in Kraft getreten ist, sehen die Jäger mit Erstaunen, daß Hirsche von einer Stärke und Vollkommenheit auftreten, die sie noch vor wenigen Jahren nicht kannten.

Übrigens will ich nicht verschweigen, daß die Aufartung

des Rehwildes durch die gleichen Mittel der negativen Auslese viel schwieriger gelingt, wofür auch die weniger in die Augen springenden Erfolge der neuen Jagdgesetzgebung mit Bezug auf das Rehwild sprechen. Dies geschieht, obwohl das Rehwild viel schneller den Höhepunkt seiner Entwicklung erlangt, als das Rotwild.

Ein ähnliches Bestreben, gute Rasseneigenschaften zu *bewahren*, zeigen unsere Kiefern. Hier gibt es, wie Forstmeister S e i t z gezeigt hat, bestimmte Rassen, die sich erhalten und durchsetzen, obwohl die weiblichen Blüten der Fremdbestäubung durch den schlechtrassigen Kiefernpollen, der unglaublich weite Strecken fliegt, in hohem Maße ausgesetzt sind. Es muß also irgendeine Vorrichtung getroffen sein, die die weiblichen Blüten den Pollen der guten Rassen vor dem der schlechten bevorzugen läßt.

2. Domestikation und ihre Folgen.

Als D a r w i n sein berühmtes Buch „Das Variieren der Tiere und Pflanzen im Zustande der Domestikation"[1] schrieb, dachte er noch nicht daran, daß der Mensch ebenfalls domestiziert ist und daß man deshalb seine Veränderlichkeit und seine Rassenbildungen ähnlich betrachten und bewerten muß, wie beim domestizierten Tier. Meines Wissens hat diese wichtige und fruchtbare Erkenntnis zuerst E u g e n F i s c h e r scharf erfaßt und betont. In der in meinem Besitz befindlichen 2. Auflage der menschlichen Erblichkeitslehre von B a u r , F i s c h e r , L e n z sagt er, daß der Mensch biologisch als schon lange domestizierte Tierform aufzufassen ist. Die Menschenrassen sind deshalb Domestikationsformen, wie die Rassen der Haustiere. Vor allem wirkt in dieser Beziehung der Fortfall der natürlichen Auslese bei beiden in gleicher Richtung. In der 4. Auflage vom Jahre 1936 führt F i s c h e r dies breiter aus. Der Fortfall der natürlichen Auslese *erhält* Mutationen nicht nur, sondern läßt sie auch *entstehen*. Ebenso wirken die veränderten Umweltsbedingungen. Dem füge ich hinzu, daß von allen uns bekannten Einflüssen hier, wie ich schon im

---

[1] Deutsche Übersetzung von C a r u s , Stuttgart 1878.

ersten Teil erwähnte, der Fortfall der natürlichen Rhythmen wirkt, wie meine Transmutationen zeigen.

Während nun bei den domestizierten Pflanzen und Tieren die natürliche Auslese in den Hintergrund tritt oder sogar ausgelöscht wird, so setzt dafür in so höherem Maße die künstliche ein. Wehe, wenn die domestizierten Tiere sich selbst überlassen bleiben oder auch nur die Rassen sich beliebig mischen! Geschieht dies, so ist die Folge davon der Fixköter. Das Gegenteil tritt ein, wenn der Mensch die Elterntiere richtig mischt, was er besonders durch sorgfältige Auswahl der besten Väter erreicht. Hierdurch entstehen die edlen Rassen, die an Leistungsfähigkeit die Wildformen weit übertreffen. Ich brauche dabei nur an die Schönheit, Kraft, Schnelligkeit und Ausdauer unserer Blutpferde zu erinnern, die von keinem Wildpferde erreicht werden. Hier erzielt der Züchter durch seine künstlichen Maßnahmen etwas, was die Natur nicht kann, aber der habsüchtige Mensch hat oft ganz andere Ziele als die Natur. Er zieht seine Bäume im Walde in krankhaften Formen als schlanke, astarme, schwachkronige Stangen, die nur wenig fruchten als sogenannte „edle Nutzhölzer“. Der Natur dagegen kommt es auf erfolgreiche Saatbäume an, die meist als Nutzhölzer sehr minderwertig sind.

Der unvergeßliche E. B a u r zog Lupinen ohne Bitterstoffe und giftige Alkaloide. Er schuf mit dieser „Süßlupine“ ein großes Kulturwerk, aber doch vergewaltigte er die Natur, denn er beraubte diese Pflanzen ihrer wichtigen Waffe, des Kampfstoffes gegen den Verbiß und somit gegen die Vernichtung durch Tiere.

Am weitesten in der Vergewaltigung der Natur ging der berühmte kalifornische Züchter B u r b a n k, der kernlose Früchte, die im natürlichen Sinne keine Früchte mehr sind, lediglich im Interesse des sie verzehrenden Menschen erzeugte.

Auch die tyrannische Mode spielt bei der künstlichen Züchtung, wie auf allen anderen Gebieten, eine große Rolle. So habe ich nie verstanden, weshalb man unseren edelsten Jagdhunden das hängende nicht willkürlich bewegbare und nicht verstellbare äußere Ohr, den sogenannten Behang, angezüchtet hat. Dieser erschwert dem auf seine Sinne angewiesenen Tier das Hören ungemein. Ich habe deshalb schon mehrfach Hundezüchter angeregt, mit dieser Modetorheit zu brechen und dem Jagdhunde wieder das aufrechte, trichterförmige, verstellbare äußere Ohr der Wildhunde anzuzüchten, erhielt aber die törichte Antwort, ein Jagdhund solle sich ganz auf seine Nase verlassen, die übrigen Sinne spielten bei ihm eine untergeordnete Rolle.

Im großen und ganzen sind die Erfolge unserer Pflanzen- und Tierzüchter bewundernswert. Man kann im allgemeinen sagen, daß sie in verhältnismäßig kurzer Zeit künstlich herauszüchten, was man verlangt und die erzielten Veränderungen erbfest machen. Man sollte deshalb in der Vererbungslehre ihre Erfahrungen sorgfältig heranziehen, wie das schon der große D a r w i n tat.

Die mannigfaltigsten Rassen hat der Mensch bei den Hunden herangezogen, weil das seinen Interessen entspricht. Bei oberflächlicher Betrachtung sollte man kaum glauben, daß Mops und Windhund, Teckel und Neufundländer aus der gleichen Urform künstlich herausgezüchtet sind. Und immer noch läßt der Mensch, mehr den Modeströmungen als dem Bedürfnis Rechnung tragend, neue Rassen und Unterrassen entstehen und alte verschwinden.

Ähnlich vielgestaltige Rassen wie bei den Hunden hat man bei den Pferden gezüchtet, weniger bei den übrigen Haustieren. Beim Rindvieh wiegt heute bei uns durchweg die schwarzweiße friesische Rasse vor, die Milch und Fleisch in guter Mischung liefert.

Die Rassen der Gänse und Schweine sind einförmig, weil sie einseitig auf Fett, die der Kanarienvögel, weil sie einseitig auf Gesang gezüchtet werden. Sollte es aber die Mode oder die Liebhaberei wünschen, so würde der Züchter jederzeit in der Lage sein, durch seine bewährten Methoden der künstlichen Zuchtwahl neue Rassen hervorzubringen, wie er das z. B. bei den Tauben schon getan hat.

Selbstverständlich züchtet man auch bei allen Haustierrassen auf Widerstandsfähigkeit gegen Krankheiten und bei Schlacht- und Milchvieh auf gute Futterverwertung.

Was geschieht oder besser geschah aber mit dem ebenfalls

als domestiziert anzusehenden Menschen? Eine im Sinne einer positiven Rassenauslese gerichtete künstliche Zuchtwahl gibt es bei den zivilisierten Völkern überhaupt nicht mehr. Im Gegenteil, wahllos vermischen sich nicht zusammengehörige Rassen und erzeugen so Mischlinge, die dem Fixköter beim Hunde entsprechen. Die negative Auslese, die das alte Sparta schon hatte, fehlte vollständig.

Auf der anderen Seite wütete die Menschheit gegen sich selbst durch eine rücksichtslose Gegenauslese, die im wesentlichen bestand im modernen Kriege, der die besten verschlang, die schlechtesten erhielt, in Geschlechtskrankheiten, die unsere schönste Jugend zeugungsunfähig und ihre Kinder minderwertig machten, in falsch verstandenem Christentum und abwegigem Sozialismus, die geradezu Kult mit dem Minderwertigen trieben, für die Hochwertigen dagegen nichts taten. Und alles dieses wurde übertroffen durch die künstliche Beschränkung der Kinderzahl und die Abtreibungsseuche mit ihren verhängnisvollen Folgen.

Zudem wissen wir heute, daß die Mutationen, die bei der Domestikation auftreten, oft krankhafter Natur sind. Diese erhalten sich unter dem Schutze der Domestikation, weil die natürliche Auslese fehlt.

Wahrlich, man sollte annehmen, daß die zivilisierten Völker schon sämtlich zu Fixkötern herabgesunken wären, wenn nicht irgendein Gegengewicht vorhanden wäre. Ich glaube an dieses Gegengewicht und finde es einmal darin, daß hochwertige Rassen ihr günstiges Erbgut zu erhalten suchen wie unsere Edelkiefern, die ich eingangs erwähnte. Überblickt man aber größere Zeiträume, so zeigt sich sogar in den Arten und Rassen eine klare Steigerung der Vollkommenheit. Man braucht nur den Urmenschen mit dem jetzigen, die Saurier mit den heutigen Tierarten zu vergleichen. Auch in der Entwicklung ist eine Zielstrebigkeit nicht zu verkennen. Freilich wechseln in ihr bei den Menschenrassen, wie man jederzeit beobachten kann, Aufstieg und Abstieg miteinander ab. Selbstverständlich ist, wie alles andere, auch die Tüchtigkeit vererbt.

Auf der anderen Seite zeigt ja Geschichte und tägliche Beobachtung die allmähliche und plötzliche Entartung und

64

schließlich den Untergang hervorragender Menschengeschlechter. Dazu rechne ich auch den plötzlichen Verlust der Fruchtbarkeit kinderreicher Familien, den ich in mehreren Fällen beobachtet habe.

Die praktische Hauptfrage für uns lautet: Kann man die Schäden der Domestikation, vor allem die Verlustmutationen, die wir bei ihr so häufig finden, wieder wettmachen, wenn es sich wie so oft um den Verlust wertvoller Eigenschaften handelt? Wollen wir diese Frage entscheiden, so müssen wir die schon vorliegenden Erfahrungen bei domestizierten Tieren sorgfältig prüfen. Glücklicherweise gibt es solche in genügender Anzahl, um ein Urteil zu gestatten:

Es gilt in Jägerkreisen als eine „bekannte Tatsache“, daß zahme Hauskaninchen in Freiheit gesetzt, schnell wieder zu wilden werden. Die Variationen in ungefähr allen Farben schlagen zurück in das Grau des Wildkaninchens. Das Körpergewicht nimmt etwa um die Hälfte ab, die plumpen und schwerfälligen Tiere werden außerordentlich geschickt, schnell und gewandt, die Vertrauensseligkeit und Dummheit des „Stallhasen“ verwandeln sich in die hohe Aufmerksamkeit und Schlauheit des wilden Artgenossen. Diese Ansicht vertritt auch Darwin in seinem bekannten Buch, fügt aber hinzu, daß dies durchaus nicht immer der Fall sei, sondern daß fremde Außenverhältnisse, besonders klimatische, unter denen Hauskaninchen verwildern, sie tiefgehend verändern. Eine solche Veränderung verwilderter europäischer Hauskaninchen wurde besonders beobachtet auf drei ausländischen Inseln, auf Jamaica, auf den Falklandsinseln und auf Porto Santo bei Madeira. Am besten bekannt ist die Geschichte der letzteren. Die Kaninchen wurden im Jahre 1418 oder 1419 ausgesetzt. Heute weichen sie von zahmen und wilden Kaninchen erheblich ab, sie sind viel kleiner und wiegen weniger als die Hälfte der europäischen Wildkaninchen. Sie sind auch weit wilder und lebendiger als diese und gleichen großen Ratten. Männchen der Porto Santo-Kaninchen begatten sich nicht mit Weibchen des wilden und des Hauskaninchens. Darwin bemerkt ausdrücklich, daß die meisten Zoologen die Porto Santo-Kaninchen als eigene Art ansehen würden, wenn nicht ihre Geschichte genau bekannt wäre. Diese tiefgreifende Veränderung des Hauskaninchens ging in der kurzen Spanne Zeit von knapp 500 Jahren vor sich. D a r w i n ist der Meinung, daß die andersgearteten Außenweltsbedingungen, die auf der Insel Porto Santo vorliegen, diese bewirkt und die Kaninchen verhindert haben, wieder europäische Wildkaninchen zu werden. Ähnlich liegen die Verhältnisse auf Jamaica und den Falklandsinseln, nur sind uns da die näheren Umstände nicht so gut bekannt.

Der Zufall brachte mich in den Besitz einer Beobachtung, die die Umwandlung unseres Hauskaninchens unter den europäischen Umweltsbedingungen klar und rein zeigt. Vor etwa 12 Jahren erzählte mir der bekannte Vogelkundige H. v. B e r l e p s c h , mit dem mich die gleichen zoologischen Interessen und ähnlich gerichtete Liebhabereien nicht selten zusammenführten, daß auf der im ostfriesischen Wattenmeer gelegenen 8 qkm großen zum Naturdenkmal erklärten Insel Memmert im Jahre 1920 Hauskaninchen, von unbekannter Hand ausgesetzt, aufgetreten wären und sich ähnlich wie anfangs auf Porto Santo so vermehrt hätten, daß sie zur Plage geworden wären. Ich verabredete damals mit v. B e r l e p s c h , daß wir die einzigartige Gelegenheit wahrnehmen und weiter beobachten wollten, was mit der Zeit aus den Kaninchen werden würde. Zunächst wollten wir gemeinsam hinreisen, um sie uns anzusehen. v. B e r l e p s c h ist darüber hinweggestorben, und ich bin inzwischen ein alter Kerl geworden, so daß es nicht dazu gekommen ist. Da aber die Insel Memmert unter dauernder Obhut des ausgezeichneten Naturbeobachters und Vogelkundigen Otto L e e g e steht, so konnte ich von diesem genaue und zuverlässige Berichte bekommen, wofür ich ihm auch hier meinen besten Dank ausspreche. Otto L e e g e sagt aus: Die ersten Kaninchen, die er beobachtete, waren grau. In den nächsten Jahren traten dann viele gescheckte, bunte, fuchsige, reinschwarze und reinweiße auf. Die Tiere erreichten noch das Gewicht der Hauskaninchen von 8 Pfund[1]. Mit den Jahren nahm die mannigfaltige Färbung ab, heute gibt es nur noch sehr selten grauweiße, die übrigen haben die Farbe der

---

[1] Farbenveränderungen und Zunahme an Größe und Gewicht gehören zu den häufigsten Folgen der Domestikation.

Wildkaninchen angenommen, sie sind auch nur wenig schwerer als diese, das Gewicht der ausgewachsenen Tiere beträgt 4—5 Pfund. Sie sind sehr flink, geschickt und vorsichtig geworden, nur ein sehr schneller Hund kann sie einholen, während der Mensch sie früher unter Umständen noch greifen konnte.

Außer Kaninchen und Haustieren gibt es auf der Insel Memmert keine Säugetiere, ebensowenig ansässige Raubvögel, die für die Vertilgung und natürliche Auslese der Kaninchen in Betracht kämen. Auf dem Wanderzuge besuchen allerdings viele Raubvögel die Insel und junge Kaninchen fallen dabei Wanderfalken und Rauhfußbussarden nicht selten zur Beute. Auch die ansässigen Silbermöwen nehmen in der Brutzeit Jungkaninchen. Vor allem lassen Sturmfluten sie in den tiefergelegenen Teilen der Insel zuweilen ertrinken. Außerdem traten früher unter ihnen Leberkrankheiten auf, die jetzt wieder verschwunden sind. Obwohl die Kaninchen noch reichlich verbreitet sind, haben sie so an Zahl abgenommen, daß sie keine Plage mehr bilden.

Eine Vermischung mit wilden Festland- und Inselkaninchen hat nicht stattgefunden, da nur im Winter 1928/29 länderverbindendes Eis vorhanden war und die Tiere weite Wanderungen über das Eis nicht vornehmen.

Die Äsung ist reichlich und mannigfaltig. Einige Pflanzenarten haben die Kaninchen auf der Insel bereits ausgerottet. Nachdem ihre Zahl sehr abgenommen hat, fallen diese Schäden mehr und mehr fort.

Beobachtungen zu schildern über Verwilderung von Hausschweinen, Hausrindern, Haushunden und Hauskatzen, die man gemacht hat, würde mich hier zu weit führen. Wir bleiben bei dem besten Experiment, das die Hauskaninchen geliefert haben und stellen fest, daß je nach der Scholle, auf der die Verwilderung geschah, verschiedene Folgen sich einstellen. Auf heimischer Scholle Zurückschlagen auf die Wildform, auf fremder Scholle die Herausbildung, man könnte sagen einer neuen Art. Das Beispiel der Memmertkaninchen zeigt, wie schnell das erstere erfolgt. Ich halte es für sehr wichtig, daß dieses Experiment auf der Insel Memmert weiterläuft und genau beobachtet wird. Es könnten sich bei der

Eigenartigkeit der Verhältnisse noch allerlei Überraschungen herausstellen.

Schnell glichen diese Kaninchen die Verlustmutationen wieder aus, die ihnen das Leben in der Freiheit erschwerten, so die Dummheit, Trägheit, Schwerfälligkeit, unpassende und unzweckmäßige Färbung.

Unsere Tierzüchter kennen das lange und wissen, ihnen nicht genehme Verlustmutationen zu vermeiden und dafür Gewinnmutationen einzutauschen. Das beste Mittel dafür ist Leben unter natürlichen Verhältnissen, wenigstens in der Jugend. Man bringt die edlen Pferde- und Rindviehrassen auf die Weide und läßt sie unter Umständen Tag und Nacht auch im Winter draußen. Dadurch erzeugt man etwas Ähnliches wie die Verwilderung der Memmertkaninchen vor allem dadurch, daß man die natürlichen Rhythmen auf sie einwirken läßt.

Ich habe schon seit langem versucht, eine solche Aufbesserung der Rasse auch beim Menschen zu erzielen unter lebhaftem Widerspruch unserer damaligen theoretischen Erblichkeitsforscher, und zwar durch die Einführung der Leibesübungen, worunter ich natürlich nicht das einseitige Turnen verstehe. Vielmehr habe ich immer wieder darauf hingewiesen, daß die Hauptsache dabei die Urleibesübung, die Nacktübung, darstellt, weshalb die Griechen nicht umsonst ihre körperlichen Bildungsanstalten Gymnasien, d. h. Nacktanstalten nannten. Ich habe häufig betont, daß *allein* diese Nacktübung, jahrelang durchgeführt, die Menschen harmonisch und im großen und ganzen einander ähnlich macht, zu vergleichen mit dem Übergang der domestizierten Form der Haustiere in die wilde. Scherzweise habe ich meinen Studenten gesagt: „Ihr entarteten Mitteleuropäer, denen die normalen Instinkte und die normalen Lebensreize abhanden gekommen sind, müßt wieder etwas wild werden."

Die Harmonie der Körperformen wird wesentlich gesteigert durch *vielseitige* Körperübungen im engeren Sinne. Wieder müssen dabei Gegensätze richtig gemischt werden, um die Harmonie zu erzeugen. Auch darin boten die alten Griechen ein unerreichtes Vorbild in ihrem Fünfkampfe. Schnellauf, Sprung, Wurf mit Diskus und Speer waren Schnellkraftübungen, die schlanke und sehnige Menschen am besten auszuführen vermögen. Dazu fügten die Griechen als Gegensatz eine ausgesprochene Schwerkraftsübung, das Ringen. Aber sie begnügten sich nicht etwa mit Körperübungen. Um harmonische Menschen zu erzielen, wurde die geistige und charakterliche Erziehung in richtiger Mischung mit der körperlichen hinzugefügt.

So habe ich die Leibesübungen aufgefaßt und soviel in meinen Kräften stand in meiner Stellung als Rektor der Deutschen Hochschule für Leibesübungen, die ich vom Jahre 1920 bis 1932 einnahm, sie in diesem Sinne zu pflegen versucht[1].

Derartig gestaltete Leibesübungen sind also doch etwas mehr als persönliche, sie sind auch Rassenhygiene. Deshalb verdienen sie nicht die wegwerfende Behandlung, die ihnen Lenz in der 2. Auflage der menschlichen Erblichkeitslehre von Baur, Fischer, Lenz[2] zuteil werden läßt. Inzwischen hat wohl auch Lenz seine einseitige Ansicht aufgegeben, denn in der neuesten Auflage des genannten Werkes von 1936 fehlt das vernichtende Urteil über die Leibesübungen und die Deutsche Hochschule für Leibesübungen, durch das ich mich natürlich in erster Linie getroffen fühlen muß, wenn auch mein Name nicht erwähnt ist.

Es wäre doch auch zu niederdrückend, wenn aller Fleiß und alle Übung, die die Einzelmenschen aufwenden, um sich körperlich und geistig höher zu arbeiten, nur für sie selbst in Betracht kämen, ihren Nachkommen aber nichts als äußere Vorteile brächten.

Bei dieser Gelegenheit erwähne ich auch die interessanten Versuche des Direktors des Zoologischen Gartens in Berlin, L. Heck[3], die seit 300 Jahren ausgestorbene Urrasse unseres

---

[1] Siehe A. Bier: a) Zur Frage der Leibesübungen. Münch. med. Wschr. **1919**, Nr 41. Als Sonderdruck erschienen unter dem Titel: „Die Pflege der Leibesübungen, ein Mittel zur Rettung des deutschen Volkes aus seiner Erniederung, München 1920. b) Wie erzeugen wir harmonische Körperformen? Jahrbuch der Leibesübungen 1925. c) Ein Gutachten über Schulturnen. Münch. med. Wschr. **1925**, Nr 47. d) Der Sinn der Leibesübungen. „Die deutsche Hochschule für Leibesübungen 1920—1930".

[2] München 1923, Bd. II, S. 266 ff.

[3] Heck, L.: Über die Neuzüchtung des Ur- oder Auerochs. Berichte der internationalen Gesellschaft zur Erhaltung des Wisent, Bd. 3, H. 4, Berlin 1936.

Hausrindes, den Auerochsen aus der domestizierten Form wieder herauszuzüchten. Heck bedient sich dazu dreier halbwilder Rinderrassen, die der Urform noch sehr nahe stehen, des südfranzösischen und des spanischen Kampfrindes und des korsischen Rindes.

3. Der Einfluß der Scholle auf die Erbeigenschaften der Rasse.

Die Tierzüchter verstehen unter Scholle Boden, Landschaft, Klima, Wetter, bodenständige Nahrung. Sie schreiben der Scholle einen großen Einfluß auf die Erhaltung der Rassen zu. Dieser Einfluß macht sich besonders bei edlen Pferden geltend. Sie verlieren, wenn sie auf fremde Schollen versetzt werden, verhältnismäßig schnell ihre besten Rassenmerkmale. Will man ihre Eigenart erhalten, so bedarf es steter neuer Blutzufuhr aus dem Mutterlande der Rasse. Diese, den Tierzüchtern bekannte Tatsache habe ich vergeblich in Büchern, die über Erblichkeit handeln, gesucht, auch den unübertrefflichen Ausdruck Scholle habe ich dort nirgends gefunden.

Folgende bemerkenswerte Beobachtung machte der preußische Oberlandstallmeister v. Oettingen[1]: Im russischen Staatsgestüt Derkul sah er im Jahre 1887 Percherons, die schon in der zweiten Generation, obwohl sie rein gezüchtet waren, vollständig die Merkmale der Kaltblüter verloren hatten und Arabern ähnlich geworden waren. Die Percherons, mittelschwere französische Kaltblutpferde, sind früher einmal mit Arabern gekreuzt, um den plumpen Tieren ein gefälligeres Aussehen zu verleihen.

Wenn die beschriebene Beobachtung v. Oettingens richtig ist, und dafür spricht sein ausgezeichneter Ruf, so ist sie von großer grundsätzlicher Bedeutung. Sie würde zeigen, daß die geringe Blutbeimischung des arabischen Pferdes zur Kaltblutrasse auf veränderter Scholle so durchschlägt, daß Warmblüter entstehen.

Meines Erachtens sollten deshalb Fachleute die Behauptungen v. Oettingens nachprüfen.

---

[1] Grundzüge der deutschen Pferdezucht, Berlin 1920, S. 81.